取水定额标准化理论、方法和应用

白 雪 朱春雁 胡梦婷 著

中国质检出版社
中国标准出版社
北 京

图书在版编目（CIP）数据

取水定额标准化理论、方法和应用/白雪，朱春雁，胡梦婷著. —北京：中国标准出版社，2015.4

ISBN 978 - 7 - 5066 - 7844 - 5

Ⅰ.①取…　Ⅱ.①白…②朱…③胡…　Ⅲ.①工业企业—取水—定额—国家标准—中国　Ⅳ.①TU991.4 - 65

中国版本图书馆 CIP 数据核字（2015）第 032329 号

中国质检出版社
中国标准出版社　出版发行
北京市朝阳区和平里西街甲 2 号（100029）
北京市西城区三里河北街 16 号（100045）
网址：www.spc.net.cn
总编室：(010)68533533　发行中心：(010)51780238
读者服务部：(010)68523946
中国标准出版社秦皇岛印刷厂印刷
各地新华书店经销

*

开本 787×1092　1/16　印张 10.75　字数 252 千字
2015 年 4 月第一版　　2015 年 4 月第一次印刷

*

定价：35.00 元

主要著者：

白　雪（中国标准化研究院）

朱春雁（中国标准化研究院）

胡梦婷（中国标准化研究院）

参与著者（按姓氏汉语拼音排序）：

程　晧（中国纺织工业联合会）

程继军（冶金工业规划研究院）

才　宽（中国标准化研究院）

董廷尉（中国纺织工业联合会）

甘　权（中国酒业协会白酒分会）

郭新光（中国食品发酵工业研究院）

侯　姗（中国标准化研究院）

何　勇（中国酒业协会啤酒分会）

刘　静（中国标准化研究院）

刘建立（中国石化工程建设公司）

刘文龙（中国造纸协会）

梁秀英（中国标准化研究院）

李晓燕（中国生物发酵产业协会）

李永亮（中国石油和化学工业联合会）

刘永攀（水利部水资源司）

马存真（全国有色金属标准化技术委员会）

潘　荔（中国电力企业联合会）

邱　华（中国纺织工业联合会）

孙淑云（水利部水资源管理中心）

唐忠辉（水利部水资源司）

王玉洁（中国标准化研究院）

杨　明（中国标准化研究院）

张国红（中国酒业协会酒精分会）

张继群（水利部水资源管理中心）

张　力（中国石化工程建设公司）

张之立（中国煤炭科工集团北京华宇工程有限公司）

朱厚华（水利部水资源管理中心）

祝　宪（大唐国际发电股份有限公司）

周亚森（水利部水资源司）

前　言

为推动工业节水工作，我国于 2002 年发布了《工业企业产品取水定额编制通则》（GB/T 18820—2002），随后根据该通则相继编制发布了火力发电、钢铁、石油炼制、棉印染、造纸、啤酒、酒精、味精、合成氨、医药等十个高用水行业的取水定额国家标准。这些标准的实施，有力地引导了企业节水技术进步和管理水平提升，取得了十分显著的节水、环保和经济效益，对我国"十一五"工业节水目标的完成发挥了十分重要的作用。随着我国工业节水的全面深入开展，工业节水取得了显著成效，工业企业的用水效率得到普遍提高，原有取水定额编制通则中的一些内容不再适应工业企业用水的新情况。2008 年开始，在国家发改委、水利部的组织下，开始对部分取水定额标准进行修订，同时又增加了一些行业的取水定额标准的制定工作。自 2012 年开始，这些标准陆续发布实施。

为使有关人员掌握这些标准的实质和技术细节，提高执行标准的自觉性和准确性，并给其他行业的取水定额工作提供借鉴，指导各行业工业节水工作的开展，同时为取水定额国家标准编制工作提供参考，特编写本书。本书从取水定额标准编制的原则、方法、程序入手，分析各行业的用水情况，阐述标准的内容，从研制取水定额标准的角度为读者全方位地呈现了标准制定的过程。

本书的出版得到了多方面人员的大力支持。书中涉及的行业发展的相关内容由各行业协会提供基础资料，取水定额标准的起草组专家对本书的形成贡献了他们的智慧，水利部、国家发改委、国家标准化管理委员会等有关领导对本书的编写给予了大力支持和指导，全国工业节水标准化技术委员会的专家委员始终不渝地支持我们的工作。在此，全体作者对所有支持和帮助本书出版的人员表示诚挚的感谢。

由于作者的水平和时间有限，书中有些内容还有待进一步深入，不足之处在所难免，恳请读者不吝指教并提出宝贵意见，以便我们继续研究和探讨，不断完善。

著者

2015 年 2 月

目　录

第一章 绪 论

第一节 政策体系

长期以来,我国是一个水资源严重短缺的国家,因此一直十分重视节水工作。我国实行计划用水制度,是用水管理的一项基本制度。其中,定额管理一直作为实施计划用水的重要手段。自 20 世纪 80 年代以来,国家及地方相继出台了诸多涉及取(用)水定额的法律法规、政策文件,政策体系得到不断完善。

1989 年以来,国家层面共发布了涉及取(用)水定额的法律法规和规章共 8 部,规范性文件 14 份。详见图 1-1 和表 1-1。

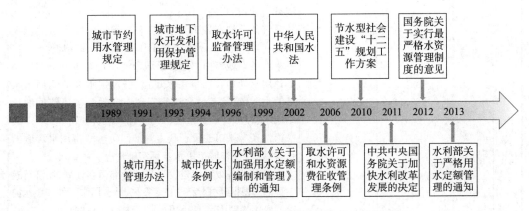

图 1-1 国家层面涉及取(用)水的法规文件历史沿革图

表 1-1 国家发布的涉及取(用)水的法律法规和政策文件

年份	性质	名称	内容
1989	法规	城市节约用水管理规定	第十一条 城市用水计划由城市建设行政主管部门根据水资源统筹规划和水长期供求计划制定,并下达执行。 超计划用水必须缴纳超计划用水加价水费。超计划用水加价水费,应当从税后留利或者预算包干经费中指出,不得纳入成本或者从当年预算中支出。 超计划用水加价水费的具体征收办法由省、自治区、直辖市人民政府制定。

续表

年份	性质	名称	内容
1991	法规	城市用水定额管理办法	第一条　为加强城市用水定额管理,实行计划用水,厉行节约用水,合理使用水资源,根据《城市节约用水管理规定》,制定本办法。 　　第二条　用水定额是规定单位的用水量。本办法所称城市用水定额,是指城市工业、建筑业、商业、服务业、机关、部队和所有用水单位各类用水定额和城市居民生活用水定额。 　　第三条　凡在城市规划区范围内制定、修改和实施用水定额都必须遵守本办法。 　　第四条　建设部和国家计划委员会组织推动全国城市用水定额的编制。省、自治区、直辖市和城市人民政府城市建设行政主管部门会同同级计、经委,根据当地实际情况,组织制定、修改和实施本辖区城市用水定额。 　　省、自治区、直辖市和城市人民政府其他行业行政主管部门协同城市建设行政主管部门做好本行业用水定额的制订、修改和管理工作。 　　第五条　制定城市用水定额,必须符合国家有关标准规范和技术通则,用水定额要具有先进性和合理性。 　　第六条　城市用水定额是城市建设行政主管部门编制下达用水计划和衡量用水单位、居民用水和节约用水水平的主要依据,各地要逐步实现以定额为主要依据的计划用水管理,并以此实施节约奖励和浪费处罚。 　　第八条　城市建设行政主管部门负责城市用水定额的日常管理,检查城市用水定额实施情况。 　　第九条　各级城市建设行政主管部门和计划、经济行政主管部门根据经济和科学技术发展,结合用水条件和用水需求的变化,组织修订城市用水定额,修订过程按原程序进行。
1993	法规	城市地下水开发利用保护管理规定	第八条　城市建设行政主管部门负责地下水开发、利用计划和年度用水计划的制定和组织实施,并与同级人民政府计划主管部门批准的水的长期供求计划协调一致。 　　各取水单位的年度用水计划,应当纳入城市计划用水、节约用水管理,并按照《城市节约用水管理规定》执行。 　　第十六条　《取水许可制度实施办法》颁布前,已取用城市地下水的单位和个人,应当按照《城市节约用水管理规定》重新核定用水量并补办取水登记和取水许可证。 　　第十七条　取用城市地下水的单位和个人,需要调整取水量时,必须按原审批程序到城市建设行政管理部门重新审核。 　　第十八条　在城市规划区内,连续停止取水满一年后再取水时,必须到城市建设行政主管部门重新核定取水量。淘汰报废的水井必须在停止取水六十日内,向城市建设行政主管部门申报注销。

年份	性质	名称	内容
1994	法规	城市供水条例	第二章　城市供水水源	第九条　县级以上人民政府应当组织城市规划行政主管部门、水行政主管部门、城市供水行政主管部门和地质矿产行政主管部门等共同编制城市供水水源开发利用规划,作为城市供水发展规划的组成部门,纳入城市总体规划。
1994	规范性文件	水利部关于授予黄河水利委员会取水许可管理权限的通知	附件:黄河水利委员会实施取水许可管理的河段及限额表	黄河水利委员会对黄河干流及其重要跨省区支流的取水许可实行全额管理或者限额管理,并按照国务院批准的黄河可供水量分配方案对沿黄各省区的黄河取水实行总量控制。
1994	规范性文件	水利部关于授予长江水利委员会取水许可管理权限的通知	附件:长江水利委员会实施取水许可管理的河段及限额表	在不同的河道管理范围,由长江水利委员会分别实行全额管理和限额管理,审核取水许可申请、审批取水许可证、发放取水许可证。
1994	规范性文件	水利部关于授予海河水利委员会取水许可管理权限的通知	附件:海河水利委员会实施取水许可管理的河段及限额表	在不同的河道管理范围,由海河水利委员会分别实行全额管理和限额管理,审核取水许可申请、审批取水许可证、发放取水许可证。
1994	规范性文件	水利部关于授予淮河水利委员会取水许可管理权限的通知	附件:淮河水利委员会实施取水许可管理的河段及限额表	在不同的河道管理范围,由淮河水利委员会分别实行全额管理和限额管理,审核取水许可申请、审批取水许可证、发放取水许可证。
1994	规范性文件	水利部关于授予珠江水利委员会取水许可管理权限的通知	附件:珠江水利委员会实施取水许可管理的河段及限额表	在不同的河道管理范围,由珠江水利委员会分别实行全额管理和限额管理,审核取水许可申请、审批取水许可证、发放取水许可证。
1994	规范性文件	水利部关于授予松辽水利委员会取水许可管理权限的通知	附件:松辽水利委员会实施取水许可管理的河段及限额表	在不同的河道管理范围,由松辽水利委员会分别实行全额管理和限额管理,审核取水许可申请、审批取水许可证、发放取水许可证。
1995	规范性文件	水利部关于授予太湖流域管理局取水许可管理权限的通知	附件:太湖流域管理局实施取水许可管理的河段及限额表	在不同的河道管理范围,由太湖流域管理局分别实行全额管理和限额管理,审核取水许可申请、审批取水许可证、发放取水许可证。

年份	性质	名称		内容
1996	规范性文件	水利部关于国际跨界河流、国际边界河流和跨省(自治区)内陆河流取水许可管理权限的通知	附件:国际跨界河流、国际边界河流和跨省(自治区)内陆河流取水许可管理的河段及限额表	松辽水利委员会、黄河水利委员会、长江水利委员会、珠江水利委员会及有关省(自治区)在国际跨界河流、国际边界河流和跨省(自治区)内陆河流上有国务院批准的大型建设项目的取水(含地下水)实行全额管理,受理、审核、取水许可预申请,受理、审批取水许可申请,发放取水许可证。
1996	法规	取水许可监督管理办法	第二章 计划用水管理	第五条 地方各级水行政主管部门应根据本地区用水情况、下一年度水源的预测、节水规划及上一级水行政主管部门下达的取水控制总量,制定本地区下一年度取水计划。 第九条 取水许可监督管理机关下达的年度取水计划,其年度最大取水量和年取水总量应不超过取水人取水许可证批准的数量。 第十一条 取水人应严格按照经批准的取水计划取水。如因特殊的原因需要超过计划取水,取水单位应向取水许可监督管理机关提出申请,按管理权限经批准后方可扩大取水。
1999	规范性文件	水利部《关于加强用水定额编制和管理》的通知		一、用水定额以省级行政区为单元,由省级水行政主管部门牵头组织有关行业编制,并由省级水行政主管部门颁布实施。 二、编制用水定额首先要解决各地主要用水行业缺乏用水定额的问题,在此基础上,逐步扩大到其他行业,并逐步提高定额水平。 三、建立健全用水定额编制与修订机制。 四、运用定额,加强计划用水和节约用水管理。 五、我部水资源司负责全国用水定额制定的管理工作,组织对各省(自治区、直辖市)用水定额的协调、审查和验收工作。
2002	法律	中华人民共和国水法	第五章 水资源配置和节约使用	第四十七条 国家对用水实行总量控制和定额管理相结合的制度。 省、自治区、直辖市人民政府有关行业主管部门应当制订本行政区域内行业用水定额,报同级水行政主管部门和质量监督检验行政主管部门审核同意后,由省、自治区、直辖市人民政府公布,并报国务院水行政主管部门和国务院质量监督检验行政主管部门备案。 县级以上地方人民政府发展计划主管部门会同同级水行政主管部门,根据用水定额、经济技术条件以及水量分配方案确定的可供本行政区域使用的水量,制定年度用水计划,对本行政区域内的年度用水实行总量控制。

年份	性质	名称		内容
2002	法律	中华人民共和国水法	第五章　水资源配置和节约使用	第四十八条　直接从江河、湖泊或者地下取用水资源的单位和个人，应当按照国家取水许可制度和水资源有偿使用制度的规定，向水行政主管部门或者流域管理机构申请领取取水许可证，并缴纳水资源费，取得取水权。但是，家庭生活和零星散养、圈养畜禽饮用等少量取水的除外。 　　第四十九条　用水应当计量，并按照批准的用水计划用水。 　　用水实行计量收费和超定额累进加价制度。
2006	法规	取水许可和水资源费征收管理条例	总则	第四条　下列情形不需要申请领取取水许可证： 　　（一）农村集体经济组织及其成员使用本集体经济组织的水塘、水库中的水的； 　　（二）家庭生活和零星散养、圈养畜禽饮用等少量取水的； 　　（三）为保障矿井等地下工程施工安全和生产安全必须进行临时应急取（排）水的； 　　（四）为消除对公共安全或者公共利益的危害临时应急取水的； 　　（五）为农业抗旱和维护生态与环境必须临时应急取水的。 　　前款第（二）项规定的少量取水的限额，由省、自治区、直辖市人民政府规定；第（三）项、第（四）项规定的取水，应当经县级以上地方人民政府水行政主管部门或者流域管理机构备案；第（五）项规定的取水，应当经县级以上人民政府水行政主管部门或者流域管理机构同意。
2010	规范性文件	节水型社会建设"十二五"规划工作方案	一、规划编制背景	"十一五"期间，全国各地从提高水资源利用效率入手，注重制度和基础能力建设，开展节水工程建设，加强节水工作的监督考核，初步构建了以水资源总量控制与定额管理为核心的水资源管理体系、与水资源承载能力相适应的经济结构体系、水资源优化配置和高效利用的工程技术体系以及自觉节水的社会行为规范体系等"四大体系"，水资源利用效率和效益明显提高。全国万元工业增加值用水量由 2005 年的 $169m^3$ 下降到 2009 年的 $116m^3$，灌溉水有效利用系数由 2005 年的 0.45 提高到 0.49，全国节水型社会建设取得重要进展和明显成效，主要表现在： 　　一是节水型社会相关制度建设取得明显突破。总量控制管理取得突破性进展，黄河、塔里木河、黑河等水资源紧缺的流域实行了取水许可总量控制。用水定额管理体系基本建立，省级行政区编制实施了行业用水定额，全国

年份	性质	名称		内容
2010	规范性文件	节水型社会建设"十二五"规划工作方案	一、规划编制背景	发布了10个重点用水行业取水定额。节水基础制度全面实施,大部分省区实行了年度用水计划管理,水资源论证进一步从源头上遏制了盲目兴建高耗水、高污染项目。促进节水的水价政策逐步建立,水资源费在全国范围内全面开征,部分地区水利工程供水实行了两部制水价、丰枯季节水价等水价制度,分类水价、超计划超定额累进加价、居民生活用水阶梯式水价等制度推行范围不断扩大。节水财税政策和激励、监督管理机制进一步健全,对从事符合条件的节水项目的所得,实行免征、减征企业所得税;对洗衣机、换热器、冷却塔、灌溉机具生产企业实行税收优惠,这些政策措施都有力地促进了节水产业的发展。节水管理体制进一步理顺,截至2008年,全国29个省级人民政府成立了相应的节约用水办公室,设在省水行政主管部门,70%以上的市级节约用水办公室设在市水行政主管部门。
			二、基本思路	根据资源节约型、环境友好型社会建设和全面建设小康社会总体目标对水资源可持续利用的总体要求,在认真总结"十一五"期间节水型社会建设经验和存在问题的基础上,综合考虑水资源供需态势、生态与环境状况、经济技术水平等因素,深入研究进一步推进节水型社会建设的重大问题,以提高水资源利用效率和效益为核心,以制度创新为动力,转变用水观念和用水方式,提出"十二五"期间节水型社会建设的目标任务,即健全以水资源总量控制与定额管理为核心的水资源管理体系,完善与水资源承载能力相适应的经济结构体系,完善水资源优化配置和高效利用的工程技术体系,完善公众自觉节水的行为规范体系。在此基础上,制定节水型社会建设的战略重点、制度体系和政策措施,落实"三条红线",实行最严格的水资源管理制度,包括完善流域与区域相结合的水资源管理体制、建立完善水资源高效利用管理体系、落实总量控制和定额管理相结合的用水制度、严格执行取水许可及水资源论证制度、建立和完善节水市场调节机制、全面加强节水基础性管理制度建设、推进节水标准体系和科技创新体系建设以及全面加强包括节水示范工程在内的重点节水工程建设,努力加大节水工作的投入力度,谋大事,求突破,全面推进"十二五"期间节水型社会建设。

年份	性质	名称		内容
2011	规范性文件	中共中央国务院关于加快水利改革发展的决定	六、实行最严格的水资源管理制度	（十九）建立用水总量控制制度。确立水资源开发利用控制红线，抓紧制定主要江河水量分配方案，建立取用水总量控制指标体系。加强相关规划和项目建设布局水资源论证工作，国民经济和社会发展规划以及城市总体规划的编制、重大建设项目的布局，要与当地水资源条件和防洪要求相适应。严格执行建设项目水资源论证制度，对擅自开工建设或投产的一律责令停止。严格取水许可审批管理，对取用水总量已达到或超过控制指标的地区，暂停审批建设项目新增取水；对取用水总量接近控制指标的地区，限制审批新增取水。严格地下水管理和保护，尽快核定并公布禁采和限采范围，逐步削减地下水超采量，实现采补平衡。强化水资源统一调度，协调好生活、生产、生态环境用水，完善水资源调度方案、应急调度预案和调度计划。建立和完善国家水权制度，充分运用市场机制优化配置水资源。 （二十）建立用水效率控制制度。确立用水效率控制红线，坚决遏制用水浪费，把节水工作贯穿于经济社会发展和群众生产生活全过程。加快制定区域、行业和用水产品的用水效率指标体系，加强用水定额和计划管理。对取用水达到一定规模的用水户实行重点监控。严格限制水资源不足地区建设高耗水型工业项目。落实建设项目节水设施与主体工程同时设计、同时施工、同时投产制度。加快实施节水技术改造，全面加强企业节水管理，建设节水示范工程，普及农业高效节水技术。抓紧制定节水强制性标准，尽快淘汰不符合节水标准的用水工艺、设备和产品。
			八、切实加强对水利工作的指导	（二十八）推进依法治水。建立健全水法规体系，抓紧完善水资源配置、节约保护、防汛抗旱、农村水利、水土保持、流域管理等领域的法律法规。全面推进水利综合执法，严格执行水资源论证、取水许可、水工程建设规划同意书、洪水影响评价、水土保持方案等制度。加强河湖管理，严禁建设项目非法侵占河湖水域。加强国家防汛抗旱督察工作制度化建设。健全预防为主、预防与调处相结合的水事纠纷调处机制，完善应急预案。深化水行政许可审批制度改革。科学编制水利规划，完善全国、流域、区域水利规划体系，加快重点建设项目前期工作，强化水利规划对涉水活动的管理和约束作用。做好水库移民安置工作，落实后期扶持政策。

年份	性质	名称	内容	
2012	规范性文件	国务院关于实行最严格水资源管理制度的意见	二、加强水资源开发利用控制红线管理,严格实行用水总量控制	五)严格控制流域和区域取用水总量。加快制定主要江河流域水量分配方案,建立覆盖流域和省市县三级行政区域的取用水总量控制指标体系,实施流域和区域取用水总量控制。各省、自治区、直辖市要按照江河流域水量分配方案或取用水总量控制指标,制定年度用水计划,依法对本行政区域内的年度用水实行总量管理。建立健全水权制度,积极培育水市场,鼓励开展水权交易,运用市场机制合理配置水资源。 (六)严格实施取水许可。严格规范取水许可审批管理,对取用水总量已达到或超过控制指标的地区,暂停审批建设项目新增取水;对取用水总量接近控制指标的地区,限制审批建设项目新增取水。对不符合国家产业政策或列入国家产业结构调整指导目录中淘汰类的,产品不符合行业用水定额标准的,在城市公共供水管网能够满足用水需要却通过自备取水设施取用地下水的,以及地下水已严重超采的地区取用地下水的建设项目取水申请,审批机关不予批准。
			三、加强用水效率控制红线管理,全面推进节水型社会建设	(十一)强化用水定额管理。加快制定高耗水工业和服务业用水定额国家标准。各省、自治区、直辖市人民政府要根据用水效率控制红线确定的目标,及时组织修订本行政区域内各行业用水定额。对纳入取水许可管理的单位和其他用水大户实行计划用水管理,建立用水单位重点监控名录,强化用水监控管理。新建、扩建和改建建设项目应制订节水措施方案,保证节水设施与主体工程同时设计、同时施工、同时投产(即"三同时"制度),对违反"三同时"制度的,由县级以上地方人民政府有关部门或流域管理机构责令停止取用水并限期整改。
2013	规范性文件	水利部关于严格用水定额管理的通知		各流域机构,各省、自治区、直辖市水利(水务)厅(局),各计划单列市水利(水务)局,新疆生产建设兵团水利院: 　　总量控制和定额管理是《水法》确定的水资源管理基本制度。规范用水定额编制,加强定额监督管理,是各级水行政主管部门的重要职责,是提高用水效率,促进产业结构调整的主要手段。为贯彻落实《国务院关于实行最严格水资源管理制度的意见.(国发〔2012〕3号),建立健全用水定额体系,严格用水定额管理,现就有关事项通知如下: 　　一、全面编制各行业用水定额 　　各省级水行政主管部门要积极会同有关行业主管部门,按照《用水定额编制技术导则》要求,依据《国民经济行业分类与代码》(GB/T 4754)规定的行业划分,结合区域产业结构特点和经济发展水平,加快制定农业、工业、建筑业、服务业以及城镇生活等各行业用水定额。

续表

年份	性质	名称	内容
2013	规范性文件	水利部关于严格用水定额管理的通知	农业用水定额编制要充分考虑小规模农户的生产技术条件和水平,依据水资源综合规划、农业发展规划、节水灌溉规划等划分省内分区,按规划的分区分别确定灌溉用水定额。 　　工业和服务业用水定额要针对不同规模和工艺流程编制。通用用水定额主要用于已建企业的取水许可审批或计划用水指标下达,先进用水定额主要用于新、改、扩建企业的水资源论证、取水许可审批以及已建企业的节水水平评价。通用用水定额一般应以行业内80%以上企业达到为标准,先进用水定额一般应以行业内10%～20%以上企业达到为标准。高档洗浴、洗车、高尔夫球场、人工滑雪场等特殊服务行业要从严制定用水定额,以该地区所能达到的最先进用水水平为标准。 　　居民生活用水定额应该综合考虑当地居民的生活条件、气候、生活习惯、社会经济发展水平等因素,在进行典型调查分析的基础上确定。 　　对国家已制定的用水定额项目,省级用水定额要严于国家用水定额。有条件的地级城市和地区水行政主管部门可以组织制定严于省级用水定额标准的本地区用水定额,经本省水行政主管部门同意后,作为省级用水定额体系的组成部分,并按照有关程序发布实施。 　　二、切实规范用水定额发布和修订 　　各省级水行政主管部门要按照《水法》规定,从严规范用水定额发布管理。各省级用水定额发布前,须征求所在流域的管理机构意见,经有关流域机构同意后,方可发布。以地方标准或以部门文件形式发布的用水定额,应经省级人民政府授权。 　　各省级水行政主管部门应在用水定额发布后1个月内将用水定额文件或标准报送我部备案。 　　各流域机构和省级水行政主管部门要全面跟踪用水定额执行情况。用水定额原则上每5年至少修订1次。各省级水行政主管部门要根据区域经济社会发展、产业结构变化、产品技术进步等情况,及时组织修订有关产品或服务的用水定额。 　　各流域机构要结合定额修订周期,开展本流域有关省区的用水定额评估工作,编制评估报告,提出有关省区用水定额修订和完善的意见,作为有关省内修订用水定额的重要依据。评估报告应及时上报我部,并通告有关省级水行政主管部门。跨流域的省区用水定额评估工作,由占该省区面积最大流域的管理机制牵头,会同其他流域机构编制。

年份	性质	名称	内容
2013	规范性文件	水利部关于严格用水定额管理的通知	三、进一步加强用水定额监督管理 建设项目水资源论证要根据项目生产规模、生产工艺、产品种类等选择先进的用水定额。水资源论证报告书提出的项目年最大取水量不超过根据项目设计规模和用水定额核算的取水量。对超过核算水量的项目,不得审查通过其水资源论证报告书。水资源论证报告书批复文件应注明项目采用的用水定额。 取水许可申请批复文件核定的取水量不得高于水资源论证报告书提出的取水量。换发取水许可证时,应按照最新实施的用水定额重新核定许可取水量。对申请取水许可的用水户下达年度用水计划时,要根据最新实施的用水定额,及时核定用水计划指标。对公共供水系统内的用水户下达年度用水计划时,要参照申请取水许可核定取水量的方式,核定该用水户年度用水计划指标,并根据用水定额的变更,按年度及时调整用水计划。 各级水行政主管部门要按照定额实施超定额累进加价,不具备实施超定额累进加价的地区或行业,可按照依据定额核定的用水计划,实施超计划累进加价。未实施超定额、超计划累进加价的地区,要制定相关管理办法,尽快实施用水超定额、超计划累进加价政策。 各级水行政主管部门要将用水定额作为节水评价考核的重要依据,鼓励企业内部按照先进用水定额进行考核管理。各地节水型企业(单位)创建必须依照国内先进用水定额进行评选,不符合先进用水定额的企业不得评选为节水型企业(单位)。

第二节　标准体系

2008年,国家标准化管理委员会联合水利部等16家部委发布《2008—2010年资源节约与综合利用标准发展规划》,节水作为重要的标准化领域之一,初步勾勒出节水标准体系框架。主要涵盖综合/基础标准分体系、城镇节水标准分体系、工业节水标准分体系、农业(林业)节水标准分体系和海水/苦咸水淡化和利用标准分体系。在此基础上,重点针对工业节水标准化领域进一步细化和完善,初步规划出工业节水标准体系,涉及节水基础与管理、取水定额、产品水效、节水评价等多个系列。截至2014年底,已经发布节水标准44项。

我国取(用)水定额标准的发展过程可分为三个阶段,即:萌芽阶段(1984年之前)、稳步发展阶段(1985—2012年)和跨越式发展阶段(2013年之后),详见图1-2。

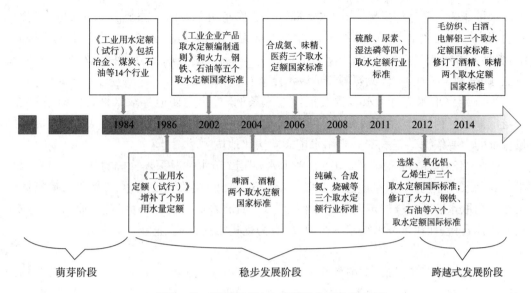

图 1-2　我国取(用)水定额标准历史沿革图

一、萌芽阶段(1984 年之前)

20 世纪 70 年代后期,我国北方地区出现水资源紧缺,人们开始关注水资源的合理利用和节约利用工作。到 20 世纪 80 年代初,国内各地节水办公室相继建立,部分城市在节水领域引进定额管理理念,对用水量较大的主要工业产品进行定额制定和试行计划定额管理。

1984 年,由建设部和国家经委共同编制了包括冶金、煤炭、石油、化学、纺织、轻工、电力、铁道、邮电、建材、医药、林业、商业、农牧渔等 14 个行业的《工业用水定额(试行)》标准,但该试行定额主要用于城市规划和新建、扩建工业项目初步设计的依据,仍难以作为考核工矿企业用水量的标准。先期的部分行业用水定额的制定和试行工作为用水、用水定额理论和管理积累了丰富的经验。

这些标准的特点具体体现在以下三个方面:

(1)突出重点。我国工业用水主要集中在火力发电、钢铁、石油石化、纺织和造纸 5 个行业。因此,加强这 5 个行业用水定额管理具有十分重要的意义。

(2)定额指标体现先进性。标准确定的取水量定额指标,当时约有 80% 的企业需要通过技术进步和加强管理才能够达到。取水定额标准发布对于企业对标、找差距,促进企业节水技术进步产生积极影响。

(3)填补了工业取水定额国家标准的空白。当时我国尚没有一项工业取水定额国家标准,这些标准的出台,为工业取水定额国家标准体系的建立打下了良好的基础。

二、稳步发展阶段(1985—2012 年)

1999 年,水利部下发了《关于加强用水定额编制和管理的通知》,首次在全国范围内系统全面地部署开展各行业用水定额编制和管理工作。

2002 年,《工业企业产品取水定额编制通则》(GB/T 18820—2002)发布,首次提出了以取水量作为定额考核指标,为用水定额管理工作指明了方向。截至 2012 年,取水定额系列国家标准已经出台 13 项,取水定额指标覆盖了火力发电、钢铁、石油石化、纺织、造纸、食品发酵、化工、有色金属、煤炭、医药等 10 个高用水行业,此外,各行业也根据自身特点,陆续制定了纯碱、合成氨等 8 项取水定额行业标准。

2006 年,《取水许可和水资源费征收管理条例》提出主要通过取水许可实现总量控制与定额管理相结合的制度,并明确要求"按照行业用水定额核定的用水量是取水许可量审批的主要依据",正式确立了用水定额的法律地位。

GB/T 18916 系列标准在对重点行业取水、用水、节水情况深入分析的基础上、首次对十大高用水行业(其取水量超过工业取水量 2/3)提出了定量化的单位产品取水量指标。实践证明取水定额标准规定定额指标科学合理,具有很高的可操作性,各行业、企业纷纷展开对标自检,加快了节水技术改造力度,有力促进工业行业、企业提高节水管理和技术水平。

同时,自 1999 年以来,全国各地也全面开展了用水定额编制工作实践,截至 2012 年,全国已经有北京、广东、河北等 30 个省市发布了用水定额标准(见表 1 - 2),有效地促进了水资源管理和节水型社会建设工作的开展。

表 1 - 2　我国已发布实施取水定额标准

序号	标准名称(标准号)	类别
1	工业企业产品取水定额编制通则(GB/T 18820—2011)	国标
2	取水定额　第 1 部分:火力发电(GB/T 18916.1—2012)	国标
3	取水定额　第 2 部分:钢铁联合企业(GB/T 18916.2—2012)	国标
4	取水定额　第 3 部分:石油炼制(GB/T 18916.3—2012)	国标
5	取水定额　第 4 部分:纺织染整产品(GB/T 18916.4—2012)	国标
6	取水定额　第 5 部分:造纸产品(GB/T 18916.5—2012)	国标
7	取水定额　第 6 部分:啤酒制造(GB/T 18916.6—2012)	国标
8	取水定额　第 7 部分:酒精制造(GB/T 18916.7—2014)	国标
9	取水定额　第 8 部分:合成氨(GB/T 18916.8—2006)	国标
10	取水定额　第 9 部分:味精制造(GB/T 18916.9—2014)	国标
11	取水定额　第 10 部分:医药产品(GB/T 18916.10—2006)	国标
12	取水定额　第 11 部分:选煤(GB/T 18916.11—2012)	国标
13	取水定额　第 12 部分:氧化铝生产(GB/T 18916.12—2012)	国标
14	取水定额　第 13 部分:乙烯生产(GB/T 18916.13—2012)	国标
15	取水定额　第 14 部分:毛纺织产品(GB/T 18916.14—2014)	国标
16	取水定额　第 15 部分:白酒制造(GB/T 18916.15—2014)	国标
17	取水定额　第 16 部分:电解铝生产(GB/T 18916.16—2014)	国标

续表

序号	标准名称（标准号）	类别
18	纯碱取水定额（HG/T 3998—2008）	行标
19	合成氨取水定额（HG/T 3999—2008）	行标
20	烧碱取水定额（HG/T 4000—2008）	行标
21	硫酸取水定额（HG/T 4186—2011）	行标
22	尿素取水定额（HG/T 4187—2011）	行标
23	湿法磷酸取水定额（HG/T 4188—2011）	行标
24	聚氯乙烯取水定额（HG/T 4189—2011）	行标
25	饮料制造取水定额（QB/T 2931—2008）	行标
26	公共生活取水定额　第2部分：学校（DB11/T 554.2—2008）（北京市）	地标
27	公共生活取水定额　第3部分：饭店（DB11/T 554.3—2008）（北京市）	地标
28	公共生活取水定额　第4部分：医院（DB11/T 554.4—2008）（北京市）	地标
29	公共生活取水定额　第5部分：机关（DB11/T 554.5—2010）（北京市）	地标
30	公共生活取水定额　第6部分：写字楼（DB11/T 554.6—2010）（北京市）	地标
31	公共生活取水定额　第6部分：洗车（DB11/T 554.7—2012）（北京市）	地标
32	工业产品取水定额（DB12/T 101—2003）（天津市）	地标
33	城市生活用水定额（DB12/T 158—2003）（天津市）	地标
34	农业用水定额（DB12/T 159—2003）（天津市）	地标
35	农业用水定额（DB12/T 159—2003）（天津市）	地标
36	内蒙古自治区行业用水定额标准（DB15/T 385—2009）	地标
37	行业用水定额（DB21/T 1237—2008）（辽宁省）	地标
38	广东省用水定额（试行）（2007年）	地标
39	农林牧渔业及农村居民生活用水定额（DB45/T 804—2012）（广西）	地标
40	工业行业主要产品用水定额（DB45/T 678—2010）（广西）	地标
41	城镇生活用水定额（DB45/T 679—2010）（广西）	地标
42	海南省工业及城市生活用水定额（试行）（2008年）	地标
43	重庆市用水定额（试行）（2007年）	地标
44	安徽省行业用水定额（DB34/T 679—2007）	地标
45	用水定额（DB13/T 1161—2009）（河北省）	地标
46	行业用水定额（DB35/T 772—2007）（福建省）	地标
47	湖北省用水定额（试行）（2003年）	地标
48	用水定额（DB41/T 385—2009）（河南省）	地标
49	用水定额（DB23/T 727—2010）（黑龙江省）	地标

续表

序号	标准名称(标准号)	类别
50	用水定额(DB43/T 388—2008)(湖南省)	地标
51	用水定额(DB22/T 389—2010)(吉林省)	地标
52	江西省城市生活用水定额(DB36/T 419—2011)	地标
53	江西省工业企业主要产品用水定额(DB36/T 420—2011)	地标
54	江西省农业灌溉用水定额(DB36/T 619—2011)	地标
55	江苏省工业用水定额(2010 年修订)	地标
56	主要工业产品用水定额及其计算方法　第 1 部分:火力发电(DB31/T 478.1—2010)(上海市)	地标
57	主要工业产品用水定额及其计算方法　第 2 部分:电子芯片(DB31/T 478.2—2010)(上海市)	地标
58	主要工业产品用水定额及其计算方法　第 3 部分:饮料(DB31/T 478.3—2010)(上海市)	地标
59	主要工业产品用水定额及其计算方法　第 4 部分:钢铁联合(DB31/T 478.4—2010)(上海市)	地标
60	主要工业产品用水定额及其计算方法　第 5 部分:汽车(DB31/T 478.5—2010)(上海市)	地标
61	主要工业产品用水定额及其计算方法　第 6 部分:棉印染(DB31/T 478.6—2010)(上海市)	地标
62	主要工业产品用水定额及其计算方法　第 7 部分:石油炼制(DB31/T 478.7—2010)(上海市)	地标
63	主要工业产品用水定额及其计算方法　第 8 部分:造纸(DB31/T 478.8—2010)(上海市)	地标
64	主要工业产品用水定额及其计算方法　第 9 部分:化工(轮胎、烧碱)(DB31/T 478.9—2010)(上海市)	地标
65	主要工业产品用水定额及其计算方法　第 10 部分:食品行业(冷饮、饼干、固体食品饮料)(DB31/T 478.10—2010)(上海市)	地标
66	主要工业产品用水定额及其计算方法　第 11 部分:电气行业(锅炉、冷冻机、升降梯、自行扶梯)(DB31/T 478.11—2010)(上海市)	地标
67	主要工业产品用水定额及其计算方法 第 12 部分:建材行业(商品混凝土)(DB31/T 478.12—2010)(上海市)	地标
68	商业办公楼宇用水定额及其计算方法(DB31/T 567—2011)(上海市)	地标
69	城市公共用水定额及其计算方法　第 1 部分:沐浴(DB31/T 680.1—2012)(上海市)	地标
70	城市公共用水定额及其计算方法　第 2 部分:单位内部生活(DB31/T 680.2—2012)(上海市)	地标

序号	标准名称(标准号)	类别
71	山东省重点工业产品取水定额(DB37/T 1639—2010)	地标
72	山东省主要农作物灌溉定额(DB37/T 1640—2010)	地标
73	四川省用水定额(修订稿)(2010年)	地标
74	用水定额(DB53/T 168—2006)(云南省)	地标
75	农业用水定额(DB33/T 769—2009)(浙江省)	地标
76	浙江省用水定额(试行)(2004)	地标
77	贵州省行业用水定额(DB52/T 725—2011)	地标
78	陕西省行业用水定额(试行)(2004年)	地标
79	山西省用水定额(2008)	地标
80	甘肃省行业用水定额(修订本)(2011年)	地标
81	青海省用水定额(2009年)	地标
82	宁夏回族自治区工业产品取水定额(试行)(2005年)	地标
83	农业灌溉用水定额(试行)(2011年)	地标
84	宁夏回族自治区城市生活用水定额(试行)(2008年)	地标
85	新疆维吾尔自治区工业和生活用水定额(2007年)	地标

三、跨越式发展阶段(2013年之后)

2014年,共有毛纺织产品、白酒制造和电解铝生产3项取水定额标准发布,截至2014年年度,取水定额系列标准正式发布的有16项,制修订中的有10项,2014年正式批复立项的有16项,基本覆盖了主要高用水行业。未来还将继续拓展取水定额标准的行业和产品范围,以期实现更大的节水减排效益。

第三节　管理体系

一、水行政管理体系

水资源管理是水行政主管部门运用法律、行政、经济、技术等手段对水资源的分配、开发、利用、调度和保护进行管理,以求可持续地满足社会经济发展和改善环境对水的需求的各种活动的总称。

我国的《水法》中规定:国务院水行政主管部门负责全国水资源的统一管理工作;国务院及其他有关部门按照国务院规定的职责分工,协同国务院水行政主管部门,负责有关的水资源管理工作;县级以上地方人民政府水行政主管部门和其他有关部门,按照同级人民政府规定的职责分工,负责有关的水资源管理工作。

水利部是我国水行政主管部门,地方各级水行政主管部门主要分为省(自治区、直辖市)、地(自治州、盟)、县(市、旗、区)三级。同时我国有长江、黄河、珠江、松辽、淮河、海河、太湖等七大流域管理机构,行使各自流域的水行政职责。地方省级所辖的河湖流域也有设立专门的机构。

我国水资源管理体系如图1-3所示。

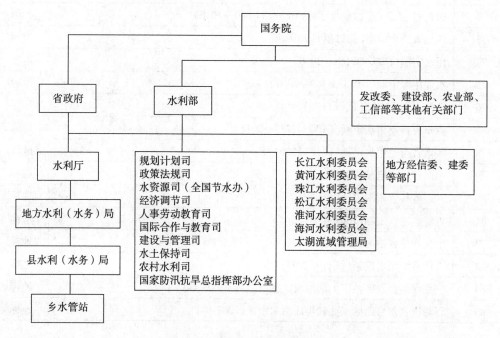

图1-3 我国水资源管理体系图

根据"三定"方案,全国节约用水办公室的主要职责有:组织实施水资源取水许可、水资源有偿使用、水资源论证等制度;组织水资源调查、评价和监测工作;指导水量分配、水功能区划和水资源调度工作并监督实施,组织编制水资源保护规划,指导饮用水水源保护、城市供水的水源规划、城市防洪、城市污水处理回用等非传统水资源开发的工作,指导入河排污口设置工作;指导计划用水和节约用水工作。

水利部在我国用水管理方面主要负责拟定全国和跨省、自治区、直辖市水中长期供求规划、水量分配方案并监督实施,组织实施取水许可、水资源有偿使用制度和水资源论证;拟定节约用水政策,编制节约用水规划,制定有关标准,指导和推动节水型社会建设工作等。

二、标准化管理体系

我国标准化工作实行统一管理与分工负责相结合的管理体制。

按照国务院授权,在国家质量监督检验检疫总局管理下,国家标准化管理委员会统一管理全国标准化工作。国务院有关行政主管部门和国务院授权的有关行业协会分工管理本部门、本行业的标准化工作。

基于国家对工业节水工作的日益重视,随着我国工业节水工作的日益深入开展,2008年全国工业节水标准化技术委员会经国家标准化管理委员会批复正式成立,主要负责工业节水的基础、方法、管理、产品等,包括工业节水术语、节水器具、节水工艺和设备、节水管理规范、取用水定额、用水统计和测试、污废水再生处理和循环利用等领域的国家标准制修订工作,由中国标准化研究院担任标委会秘书处。据此,取水定额标准有了明确的归口管理单位。

　　目前,我国取水定额管理制度日益进入规范化管理阶段,根据我国工业行业的发展情况,为了有效促进工业行业提高水资源定额管理力度、改进节水技术,凡是在工业产品生产中直接或间接与用水量、取水量发生关系,又可进行计量考核的,都可根据实际需要编制取水定额。

第二章　取水定额标准化的理论

第一节　取水定额的理论基础

一、定额管理

（一）基本概念

1. 定额

在生产过程中,为了完成某一单位合格产品,就要消耗一定的人工、材料、机具设备和资金。由于这些消耗受技术水平、组织管理水平及其他客观条件的影响,所以其消耗水平是不相同的。因此,为了统一考核其消耗水平,便于经营管理和经济核算,就需要有一个统一的平均消耗标准,于是便产生了定额。

定额是在一定的生产技术条件下和一定时间内,对物质资料生产过程中的人力、物力消耗所规定的限量,是规定的数额,是一种形式的数量标准。定额属于技术经济范畴,是实行科学管理的基础工作之一。

工程定额种类繁多,按照不同的方法,可分为4大类:

(1)按管理层次分为全国统一定额、专业通用定额、地方定额和企业定额;

(2)按用途分为概算指标、施工定额、预算定额、概算定额、投资估算指标等;

(3)按物质内容分为劳动定额、材料消耗量定额和机械台班定额;

(4)按费用性质分为建筑工程定额、安装工程定额、其他费用定额、间接费用定额等。

定额的表现形式主要有以下几种:

(1)以时间表示的工时定额,即规定生产单位合格产品或完成某项工作所必需消耗的时间;

(2)以产量表示的产量定额,即在单位时间内应完成合格产品的数量;

(3)以看管机器设备的数量表示的看管定额,即在单位时间内一个工人或一组工人同时看管机器设备的台数;

(4)以服务量表示的服务定额,即规定在单位时间内应完成服务项目的数量。

为了适应生产上的需要,劳动定额可以根据不同的生产特点和条件,采取不同的形式。

2. 定额管理

定额管理是指利用定额来合理安排和使用人力、物力、财力的一种管理方法。

定额管理的内容主要有:建立和健全定额体系;在技术革新和管理方法改革的基础上,制定和修订各项技术经济定额;采取有效措施,保证定额的贯彻执行;定期检查分析定额的完成情况,认真总结定额管理经验等等。定额管理是实行计划管理,进行成本核算、成本控制和成本分析的基础。实行定额管理,对于节约使用原材料,合理组织劳动,调动劳动者的积极性,提高设备利用率和劳动生产率,降低成本,提高经济效益,都有重要的作用。

(二)定额管理的内涵

水资源定额管理原理可追溯至美国的科学管理学者、发明家泰勒(1856—1915)首创的工业企业科学管理。工作定额原理和标准化原理是其管理思想的核心,即按科学分析,制定最精确的工作方法,实行最完善的计算和监督制度。定额管理是以取水定额编制为核心,以社会统计学、信息科学、管理科学、资源科学的相关理论与方法为支撑,以法律、行政、经济、技术、教育为实施手段,以用水统计管理、节水管理、取水计划管理为主要内容的综合管理过程。

定额管理本身就是一项行政管理措施,为了发挥取水定额管理在城市水资源可持续开发和利用中的有效作用,实现其在各管理尺度的管理目标,除行政管理以外,还需要在法律、经济、技术、教育政策和制度上进行完善和补充,在管理实践中应有机地将市场环境、科学技术条件和政府行政管理结合起来,加强政府各部门、行业之间的信息交流和共享,充分发挥各种管理职能在定额管理中的合力作用。

(三)定额管理的原理

完善的取水定额指标体系、具体量化的取水定额指标以及核算单元对应的取水规模的界定,是开展水资源定额管理的 3 个基本要素。根据取水定额以及取水核算单元对应的规模定量地核算用水需求量,是定额管理的核心,它将宏观尺度的区域水量分配与微观尺度的用户用水考核有机地结合起来。定额管理从宏观至微观由三个管理尺度组成,不同管理尺度的定额管理目标和任务对应于不同的管理方案和措施,如图 2-1 所示。

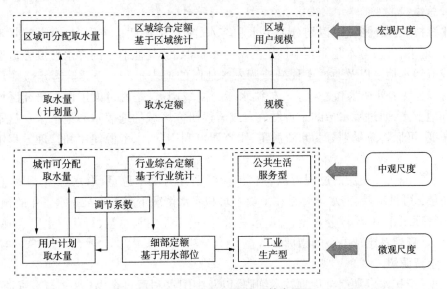

图 2-1 水资源定额管理基本原理

(1)宏观尺度上,国家和区域水行政主管部门在区域水资源分配总量的约束下,基于综合取水定额核定的计划水量和国民经济发展,制定地区中长期水供求规划和年度水量分配方案,上级用水管理部门通过对下级各区域宏观取水定额指标核定的年度用水量的层层下达,进行水量总体控制。

(2)中观尺度上,以行业用水统计为基础,基于不同行业、不同类别的行业综合取水定额,主要完成城市水资源在国民经济各行业间的分配。同时,在开展建设项目水资源论证和取水许可管理时,以同行业取水定额为组织建设项目水资源论证报告书审查及管理提供评价和决策参考;论证建设项目用水量的合理性,用水过程的先进性,分析产品取水定额、生活取水定额、综合取水定额,并与先进水平比较,分析节水潜力并提出节水措施。另外,依据取水定额,开展城市节水工作的指导、协调,建立节水型用水标准化体系。综合运用法律、行政、经济的措施和激励机制,确保取水定额管理的有效实施,实现城市水资源的高效利用。

(3)微观尺度上,主要以分析各类用户用水行为,分部位研究用水规律,完善细部取水定额体系;建立以计划取水量、行业取水定额和细部取水定额为主体指标的定额管理考核、评价体系为主要目标。根据用水户的用水规模和取水定额,编制年度取水用水计划;研究不同的用水结构、硬件设施等因素的影响对同行业内不同用水户间客观存在的用水差异,并通过调节系数进行调整。审查、下达用户的取水计划,对用户取水、用水的统计进行分析,对用水计划执行情况进行监控,及时地掌握各用水户的合理用水、节水情况。同时,对各用水户的用水规模进行统计和鉴别,避免因虚报、瞒报使个体用水控制指标达标而地区取水控制指标无法完成的困境。

二、总量控制

(一)基本概念

1. 总量

水源按照存在形式可以划分为主水和客水,主水指在评价范围内,由大气降水产生的地表、地下径流;客水是非当地产生的所有水资源,由其他地区的降水形成径流后自然流入或流经本地区以及通过工程措施调入本地区的地表水和地下水。客水按照形成条件又可以分为:外调水和过境水。外调水指跨流域调水,是通过人工调入研究区域的地表水和地下水,而过境水指的是自然流入或流经研究区域的地表水和地下水。从不同的水源角度,可以将总量划分为水资源量、水资源可利用量、水资源使用和管理过程中涉及的总量。

从水资源实际使用的过程可以将总量指标划分为供水总量、取水总量、用水总量和排水总量;可供水量、需水量等是在平衡主水和客水情况下对未来某一水平年的预测值;在实际管理工作中,流域分水量、外调水总量、河道断面控制总量、行业需水量、实际分配量等,都是管理者比较关心的指标。

2. 水资源量

根据《全国水资源综合规划技术细则》以及中国水利百科全书《水文与水资源分册》对总量概念的解释,总量控制指标从主水是否受到人类干预的角度分为地表水资源量、地下水资源量和水资源总量,是可以逐年更新的水量。

3. 水资源可利用量

基于现状供水水平,从经济合理、技术可行的角度,将人为因素干扰下的水资源划分为地表水资源可利用量、地下水资源可开采量和水资源可利用总量,是预测值。

4. 可利用水量和可供水量

在总量管理中,可利用水量和可供水量都是指在可预见的时间内的一个年度的动态预测值,两者相辅相成,较为全面地揭示了水资源供需平衡分析中需要考虑的有关问题,为研究当地水资源承载能力及规划跨流域调水工程提供依据。两者之间的区别在于:

(1)可利用水量是供用水户消耗的一次性水量指标,不包括上游与下游之间、地表水与地下水之间的重复利用水量,多年平均的可利用量小于同期平均的水资源量;而可供水量为包括上述重复利用水量在内的各项工程设施取水量的总和,是随开发利用方式而变化的重复性水量指标。

(2)在供需分析中,可供水量应该包括输水损失在内的毛用水量,但可供水量不能反映出用水的消耗与污损情况。

5. 取水量、用水量和耗水量

取水量、用水量和耗水量实际发生在水资源使用过程中。取水量、用水量和耗水量之间的差别主要表现在:

(1)取水量、用水量和耗水量发生在对水资源使用过程中的不同阶段,先有取水,才有用水和耗水,耗水是与用水同步发生的,耗水伴随用水而产生,这种发生顺序的不同就需要在进行总量管理时,先从取水量进行控制,再对用水量和耗水量进行相应的控制;

(2)由于有重复用水,用水量大不代表取水量和耗水量的绝对值也比较大,它们之间数量可以相差很大;

(3)一般来说,对于某一地区而言,在对区域的各种水量进行管理和控制的时候,有这样的数量大小关系:取水量≥用水量,取水量≥耗水量。

(二)总量控制的内容

我国 2002 年《水法》第四十七条明确规定"国家对用水实行总量控制和定额管理相结合的制度。"总量控制和定额管理一样也是水资源管理的重要制度,也是节水型社会建设的重要内容。水资源总量指标体系用来明确各地区、各行业乃至各单位、各企业、各灌区的水资源使用权指标,实现宏观上区域发展与水资源、水环境承载能力的相适应。

总量控制的调控对象是用水分配和取水许可,它要求其取用水总量在控制范围内,控制和指导着用水的合理分配以及取水许可证的颁发和执行。总量控制是用水源头控制,只有从源头保证不同层次和行业的用水在控制范围之内,才能保证下一个层次和环节的用水总量不超标。

区域控制的总量,是经上级主管部门批准或按照各地区之间的协议所确定的地表水和地下水(包括主水和客水)水量分配方案或取水许可总量控制指标。根据水量分配方案和年度水情状况所制定的年度计划取用水总量,依照行业用水定额核定的用水户的取水总量,水功能区划所确定的水域(河道)纳污总量。

不同地区水资源状况不同,总量控制的侧重点也不同。主要表现在以下几个方面:

(1)南方地区以取水量为主,北方地区以水资源量或耗水量为主;

(2)南方地区以枯季流量或枯季水量作为控制,北方地区以年水量作为控制;

(3)南方地区以未来水平年作为分配水平年,北方地区以现状或近现状用水作为分配水平年;

(4)无论南方还是北方地区,以各断面的水环境容量即水域纳污能力控制用水量、排水量或退水量。

总量控制不仅仅是流域机构的任务,各级水行政主管部门,直至每一具体的取水户都有总量控制的责任和义务。当前施行总量控制的最紧迫的任务是制定流域取水许可总量控制指标,在此基础上层层细化,层层实施总量控制,分别制定控制指标,在完善取水总量控制的基础上,加强水质管理。

三、计划用水

(一)基本概念

计划用水制度是指用水计划的制定、审批程序和内容的要求,以及计划的执行和监督等方面的法律规定的统称。计划用水制度是用水管理的一项基本制度,它要求根据国家或地区的水资源条件和经济社会发展对用水的需求等,科学合理地制定用水计划,并按照用水计划安排使用水资源。实行这项制度,旨在通过科学合理地分配使用水资源,减少用水矛盾,以适应国家和各个地区国民经济发展和人民生活对用水的需要,并促进水资源的良性循环,实现水资源的永续利用。根据我国《水法》规定,实行计划用水制度,必须制定和执行各种水长期供求计划,包括国家和跨省、自治区、直辖市以及省、市、县级的用水计划。

(二)计划用水的分类

根据划分标准不同,计划用水有不同的分类,一般可划分成以下几类。

1. 长期计划、中期计划、短期计划

一般认为,长期计划是指五年以上的计划;中期计划是一年以上,五年以下的计划;而短期计划就是年度计划,指一年或一年以下的计划。

根据《水法》和《制定水长期供求计划导则》的精神和要求,水的长期供求计划从开源、利用、节流和保护、管理诸方面,提出水资源利用的综合对策,以求得较长时期内水的稳定供需平衡。水长期供求计划能够为编制五年计划、年度计划提供依据。在我国绝大多数城市和灌区,建立有年度用水计划编制和实施管理办法,并对特别干旱年的供水紧张期,实行相应的用水应急计划管理办法。

由于用水计划会受到各方面因素的影响,编制的计划要根据实际情况,不断进行修改或者调整,具有滚动编制计划法的动态性特征。

2. 流域用水计划、行政区用水计划

按照水资源的产生、分布、贮存及运移特性和使用、管理特征,可将用水计划分为流域用水计划和行政区用水计划。在一个流域或行政区范围内,有许多水利工程和用水单位,往往会发生供需矛盾和水事纠纷,因此应按照一定的原则和要求制定水量分配计划和调度方案,以作为正常开发利用水资源的依据。

水资源的流域性,切忌人为地分割,应按流域范围从地表到地下、从水量到水质制定开发水资源的利用计划。从宏观上和总体上,调节径流和水量分配,把总的用水量和使用时间限制在合理的限度以内。在地下水严重超采的地区,必须严格控制开采利用地下水。引取江河水,应当兼顾上下游和左右岸用水、航运、竹木流放、渔业和保护生态环境的需要。跨行政区域的水量调配方案,由上一级水行政主管部门征求有关地方人民政府的意见后制定,报同级人民政府批准后执行。这些都是水资源宏观调度和分配使用计划的法律规范。

3.行业用水计划、企(事)业单位用水计划

按用水对象分类,一个区域或者城市应围绕用水户制定行业用水计划和企(事)业单位用水计划。从总体用水构成分析,首先应在满足人民生活用水的前提下,将所辖范围内能够使用的水量按照一定的分配原则,做出生活、农业、工业用水分配计划,并结合当地的产业结构及生产和经济的建设发展需求,在科学合理节约的要求下,制定出各单位的用水计划,并切实遵照执行。

计划用水是合理开发利用水资源和提高水资源使用效益的基本要求,也是水资源管理工作的重要职责,只有做到有计划地用水,才能保障水资源的可持续开发利用,才能保证有一个健康发展的用水秩序,才能协调处理好人民生活和社会经济建设发展对需水的要求。

(三)计划用水的管理

制定计划用水管理制度,就是将水资源的分配和社会经济各部门的用水需求很好地结合起来,从而构建起水资源合理配置、有序供给、计划使用的制度,切实做到对用水需求实行申报、审查、监督管理,实现节约用水和目标。

计划用水管理制度的任务主要有:

(1)调查研究;

(2)制定用水定额;

(3)用水预测;

(4)制定编制用水计划的原则和依据;

(5)拟定用水计划;

(6)监督和控制。

计划用水的运作程序主要有:

(1)制定与颁布计划用水管理办法;

(2)编制用水计划总体分配方案;

(3)企(事)业单位计划用水指标的申请与获得;

(4)计划用水的检查与管理。

四、水环境容量

(一)基本概念

环境容量,是指某一环境区域内对人类活动造成影响的最大容纳量。大气、水、土地、动植物等都有承受污染物的最高限值,就环境污染而言,污染物存在的数量超过最大容纳量,这一环境的生态平衡和正常功能就会遭到破坏。

迄今为止,对于水环境容量的研究成果较多,并未形成统一及公认的定义。但大多数学者认为排入河流的污染物受到河流的水动力特性影响,与水团运动形态实现交换,并将其扩散,被河水所降解,即水环境容量。对于水环境容量可认为是环境的自净同化能力,也可认为是不危害环境的最大允许纳污能力。我国《排放水污染总量控制技术规范》中已明确指出:将给定水域和水文、水力学条件,给定排污口位置,满足水域某一水质标准的排污口最大污染物排放量,叫做该水域在上述条件下的所能容纳的污染物质总量,通称水环境容量。

水环境容量通常具有系统性、资源性及区域性。系统性指水域与上游、下游中形成不同的空间生态系统,为此,应从流域的视角出发,对流域内的各水域的水环境容量进行合理调节。资源性是一种自然属性,主要体现在排入污染物的缓冲之上,能够纳入足量的污染物,满足人们的生产及生活需求。但需要注意的是一旦水域环境遭到破坏,其恢复原有容量的过程较为缓慢。区域性则是指由于受到地理、气象及水文的若干影响,使得在不同区域中的污染也不相同。对于水环境容量,影响因素较多,主要受到水体功能、水文特征、污染物及其排污方式的影响,对这些因素应给予重视。

（二）意义

水环境容量包括稀释容量和自净容量。水环境容量是客观存在的,与现状排放无关,只与水量和自净能力有关。水环境容量是一种资源,和使用功能也无关。水环境容量的改变是对资源的重新分配。

水环境容量的意义主要有以下两点:

（1）理论上是环境的自然规律参数和社会效益参数的多变量函数;反映污染物在水体中迁移、转化规律,也满足特定功能条件下对污染物的承受能力。

（2）实践上是环境管理目标的基本依据,是水环境观规划的主要环境约束条件,也是污染物总量控制的关键参数。容量的大小与水体特征、水质目标、污染物特征有关。

水环境容量与水资源量有关,取水定额标准的制定能够有效规范企业取水,减少对水资源的消耗,同时也减少了企业废水排放和污染物的排放量,这在一定程度上能够提高水体的纳污能力,从而提升水环境容量。

同时,为了达到取水定额指标的要求,企业会采取一系列节水技术改造措施,提升水处理技术水平,这也为降低污染物排放提供了技术支持。

第二节　取水定额的理论体系

一、基本概念

1. 用水定额

用水定额是指在一定时间、一定条件下,按照一定核算单元所规定的用水量限额（数额），这里所说的行业既包括农业（种植业）、林业、畜牧业、渔业、工业、居民生活、公共服务和管理业等大行业，又包括如采掘业、制造业等小行业。用水定额是用水管理的一项重要指标，是衡量各行业用水是否合理的重要标准，是各行业制定生产生活用水计划的重要依据。

工业用水定额是工业产品生产过程中用水多寡的一种数量标准，是指在一定的生产技术管理条件下，生产单位产品或创造单位产值所规定的合理用水的水量标准。

工业用水定额反映了工业生产过程中用水的客观规律，是水资源利用率考核依据之一。所谓工业用水，不是一种具体说法，而是一种概括性的说法。它不是单指工业生产时的用水量，也不是指取水量，或重复利用水量，或污水使用量，而是指一切用水的概括性说法，所以工业用水定额并不单指单位数量的"总用量"，也不是指单位数量的取水量，而是泛指单位数量的一切用水量其中一种水量的说法。

我国法律法规中都有对用水定额的规定，如《水法》中规定："国家对用水实行总量控制和定额管理相结合的制度"，用水"实行计量收费和超定额累进加价制度"，国务院《取水许可和水资源费征收管理条例》规定："按照行业用水定额核定的用水量是取水量审批的主要依据"。因此，编制行业用水定额，执行用水定额管理制度，是国家有关法律法规规定的内容。

2. 工业产品取水定额

工业产品取水定额是用水定额的一种，定义是针对取水核算单位制定的，以生产工业产品的单位产量为核算单元的合理取用常规水资源的标准取水量。产品应广义理解，可以是最终产品，也可以是中间产品或其他形式或性质的产品，对某些行业或工艺（工序），可用单位原料加工量为核算单元。

定额针对的对象"取水核算单位"是指，完成一种工业产品的单位，依据使用目的的不同，可以在不同的边界内运用定额来进行节水的管理。它可以是一个企业，也可以是一个分厂、一个工段和车间。

产品生产过程一般包括主要生产、辅助生产和附属生产三个生产过程，定额所考虑和涉及的水量也是在上述三个过程范围内发生和需要的。而同一类产品的单价由于受到品质、市场供求关系等多种因素影响，在时间上和空间上存在波动和差异。为了便于同一类产品在全国范围内的对比，一般提倡使用单位（数量）产品取水量，而不是单位产值取水量为定额指标。

取水定额是在一定条件下制定的，它与具体的生产技术条件和用水条件相联系。也就是说，生产单位产品所需要的水量之间的依附关系受到生产工艺和设备、产品结构、生产规模和条件、用水管理、操作者技术水平等各种主客观因素的影响。取水定额指标因为综合了各种因素，所以具有科学性、先进性和合理性。

为配合国家资源节约管理部门拟设立的高用水行业节水准入制度，需要建立科学合理的工业企业取水定额标准体系。取水定额国家标准最核心的指标就是"单位产品取水量"，近年来，随着我国工业节水的全面深入开展，我国工业企业的用水效率得到了很大的提高，特别是近年来非常规水资源的大量使用，使企业的取水构成和用水系统发生了变化，取水定额也发生了变化。某些大量使用非常规水资源的企业，单位产品取水量很小，甚至出现为"零"的状况，所以取水定额指标确定时可以根据需要综合考虑"单位产品非常规水资源取水量"和"单位产品用水量"。

　　对于指标数值的选取不仅要充分考虑当今"最新技术水平",还要为未来的技术发展提供框架和发展余地。《工业企业产品取水定额编制通则》(GB/T 18820—2011)中明确给出了这三个水量指标的定义和计算方法。

　　(1)单位产品取水量

　　单位产品取水量的定义是"企业生产单位产品需要从各种常规水资源提取的水量",明确取水量的范围是指从各种常规水资源提取的水量:包括取自地表水(以净水厂供水计量)、地下水、城镇供水工程,以及企业从市场购得的其他水或水的产品(如蒸汽、热水、地热水等)的水量。

　　单位产品取水量按式(2-1)计算:

$$V_{ui} = \frac{V_i}{Q} \qquad\qquad (2-1)$$

式中:

V_{ui}——单位产品取水量,单位为立方米每单位产品;

V_i——在一定的计量时间内,生产过程中常规水资源的取水量总和,单位为立方米(m^3);

　Q——在一定的计量时间内产品产量。

单位产品取水量的定义和标注可以从以下几方面来理解:

　　a)"各种常规水资源提取的水",即应该计入取水量的水,一般为以下四类:地表水、地下水、城镇供水工程供水和企业从市场购得的其他水或水的产品。

　　b)企业通过自建取水设施取的地表水和地下水。"地表水"是指包括陆地表面形成的径流及地表储存水(如江、河、湖泊及水库等水),应以净水厂供水计量为依据。"地下水"是指地下径流或埋藏于地下的,经提取可被利用的淡水(如潜水、承压水、岩溶水、裂隙水等)。

　　c)"城镇供水工程"是指由城镇公共供水设施供应的自来水或再生水。再生水是指城市污水和工业废水经过净化处理后,达到能再利用的水质标准,进行利用的水。在工业企业内部,将使用一次(或多次)的水经过一定处理进行串联、循环、回用等重复使用的水在 GB/T 18820—2011 中未被列入再生水的计量范围。

　　d)有的企业没有锅炉和纯水处理站等辅助生产装置,这部分水量需外购,因此企业从市场购得的其他水或水的产品应计入取水量定额指标。水的产品指按照不同工艺生产要求的水质标准,将原水处理后生产出的各种水,或将水加热产生的蒸汽和热水,包括热水、蒸汽、除盐水、软化水、淡化水、再生水等。

　　e)有的企业(含专门生产水的产品的企业)外供给市场的水的产品(如蒸汽、热水、地热水等)而取用的水量应从本企业的取水量中扣除,其取水量应计入购入水的企业的取水量。

　　f)地表水和地下水水质是不同的,甚至不同地域的地表水水质存在一定的差异。大多地表水都是需要进行净化处理的,为了使地表水和地下水计量起点一致,条文中以括号注解的方式规定了地表水以净水厂供水计量。

（2）单位产品非常规水资源取水量

单位产品非常规水资源取水量的定义为"企业生产单位产品从各种非常规水资源提取的水量"，明确其非常规水资源的取水量范围：企业取自海水、苦咸水、矿井水和城镇污水再生水等的水量。《水法》第二十四条第一款规定："在水资源短缺的地区，国家鼓励对雨水和微咸水的收集、开发、利用和对海水的利用、淡化"。为鼓励企业开发利用非传统的水资源，条文特别注明企业自取的海水和苦咸水的水量不纳入定额计量管理的范围。苦咸水一般指含盐量大于 1000mg/L 的地表水和地下水。

单位产品非常规水资源取水量按式（2-2）计算：

$$V_{fi} = \frac{V_j}{Q} \tag{2-2}$$

式中：

V_{fi}——单位产品非常规水资源取水量，单位为立方米每单位产品；

V_j——在一定的计量时间内，生产过程中非常规水资源的取水量总和，单位为立方米（m^3）；

Q——在一定计量时间内产品产量。

（3）单位产品用水量

单位产品用水量的边界界定为：工业生产的用水量，包括主要生产用水、辅助生产（包括机修、运输、空压站等）用水和附属生产用水（包括绿化、浴室、食堂、厕所、保健站等）。

单位产品用水量按式（2-3）计算：

$$V_{ut} = \frac{V_i + V_j + V_r}{Q} \tag{2-3}$$

式中：

V_{ut}——单位产品用水量，单位为立方米每单位产品；

V_i——在一定的计量时间内，生产过程中常规水资源的取水量总和，单位为立方米（m^3）；

V_j——在一定的计量时间内，生产过程中非常规水资源的取水量总和，单位为立方米（m^3）；

V_r——在一定的计量时间内，生产过程中的重复利用水量总和，单位为立方米（m^3）；

Q——在一定计量时间内产品产量。

可以从以下几个方面加以理解：

a）工业生产的用水量"是指工业企业完成全部生产过程所需要的各种水量的总和"，包括主要生产用水量、辅助生产用水量和附属生产用水量三个部分。

b）"主要生产用水"是指直接用于工业生产的水，按用途可以分为工艺用水、间接冷却水等。

c）"辅助生产"是指为主要生产服务的生产装置。

d）"附属生产用水量"是指在厂区内为生产服务的各种生活用水和杂用水的总用水量，但不包括基建用水和消防用水。企业生活区的用水不在此列。

二、取水定额的分类

1. 体系分类

工业用水定额是一个统称,按照不同的划分依据可以从四个方面进行划分:

(1)从用水水量性质上划分可分为:取水量定额、用水量定额、耗水量定额和排水量定额。

(2)从工业产品形态上划分可分为:产品用水定额、半成品用水定额和原料产品用水定额。

(3)从生产单元考虑可分为:工序用水定额、设备用水定额和车间用水定额。

(4)从定额本身的用途划分可分为:规划用水定额、设计用水定额、管理用水定额和计划用水定额。

尽管定额的种类很多,但它们的实质是相同的,都是产品生产过程中用水多少程度的水量标准,反映的都是生产和用水之间的关系。

2. 定额分类

目前,国家发布的取水定额标准主要是工业取水定额,而各省市发布的定额标准则主要分为综合用水定额、城镇生活用水定额、工业用水定额和农业用水定额四类。

(1)综合用水定额指省级行政区、地级市宏观用水定额及行业综合用水定额,主要用于用水总量指标的匡算以及地区节水型社会建设宏观评价等。

(2)城镇生活用水定额是指在一定时间内城镇生活按照相应的核算单元确定的用水量的限额,包括城镇居民生活用水定额和城镇公共生活用水定额。

(3)工业用水定额是指在一定时间、一定条件下,生产单位产品(或完成单位工作量、创造单位价值)的工业取水量,是微观定额,其表现形式有产品用水定额、万元产值(或增加值)用水定额、生产过程用水定额和附属生产用水定额四种形式。

(4)农业用水定额包括灌溉用水定额、渔业用水定额、农村居民生活用水定额和农村牲畜用水定额四类。

三、取水定额的特性

取水定额是在一定条件下制定的,与具体的生产技术条件和用水条件相联系。也就是说,生产单位产品与它所需要的水量之间的依附关系受到生产工艺和设备、产品结构、生产规模和条件、用水管理、操作者技术水平等各种主客观因素的影响。取水定额指标应综合各种因素,体现科学性、系统性、统一性、权威性和强制性、稳定性和实效性。

(1)定额的科学性,体现在用科学的态度制定定额,尊重客观实际,力排主观臆断,力求定额水平合理;体现在制定定额的技术方法上,能利用现代科学管理的成就,形成一套系统的、行之有效的方法,体现在定额制定和贯彻的一体化。也就是说,制定是为了提供贯彻的依据,贯彻是为了实现管理的目标,也是对定额的信息反馈。只有科学的定额,才能使宏观的计划调控得以顺利实现,才能适应市场运行机制的需要。定额必须和生产力发展水平相适应,恰当反映在生产过程中的消耗;定额在管理理论、方法和手段上必须科学化,以适应现代科学技术和信息社会发展的需要。

(2)定额的系统性是由工业产品生产特点决定的。按照系统论的管段,工业产品的生产是一个有机的实体系统。定额是为这个实体系统服务的。因此,工业产品生产的多种类、多层次,就决定了以产品为服务对象的定额的多种类、多层次。

(3)定额的统一性按照其影响力和通行范围,有全国统一定额、地方统一定额和行业(部门)统一定额等,层次清楚、分工明确,从定额的制定、颁布和贯彻使用来看,有统一的程序、统一的原则、统一的要求和统一的用途。

(4)定额的权威性和强制性是指工业用水定额要通过一定程序和一定授权单位审批颁发的定额,具有一定的权威性,这种权威性在许多情况下具有法的性质和执行的强制性。权威性反映统一的规定和要求,强制性反映定额纪律的约束性。

(5)定额的稳定性和时效性是指定额在一段时间内都表现出稳定的状态,根据具体情况不同,稳定的时间有长有短,一般在5年左右。保持定额的稳定性是维护定额的权威性所必须的,更是有效地贯彻定额所必须的。但是,定额的稳定性又是相对的,任何一种定额,都只能反映一定时期的生产力水平,当生产力向前发展了,定额就会变得不适应,这样定额就要重新编制或进行修订。所以说,从一段时间来看,定额是稳定的,从长期看,定额又是变动的,两者是对立的统一,既有稳定性,又有时效性。

四、取水定额的作用

工业产品取水定额是国家考核行业和企业用水效率、评价节水水平的主要指标之一,是国家水资源供应和企业水资源计划购入、管理及分配的控制指标,是评价企业合理用水和节约用水技术的指标,是工业企业制定生产计划和水资源供应计划的依据。其主要作用体现在以下几个方面:

(1)取水定额可为制定供用水规划提供可靠依据。为了保证城市经济能够持续稳定增长,首先就必须保证有足够的水。为了解决好近期、中期和长期的供水规划,正确预测出用水数量,制定定额就可以可靠地实现这一要求。

(2)取水定额是实现科学管理的基础。长期以来,我国用水缺乏严格的定量控制,即使现在实行计划用水和取水许可制度,也往往缺乏科学依据。目前常采用以上一年的用水数量为基数结合节水因素这一办法进行。这不符合节水措施的运行规律。这种办法容易出现"鞭打快牛"的现象,不利于调动企业节水的积极性。为了科学管理而且能够符合实际情况,就必须有一个科学的用水量依据,这个依据就是定额。有了定额,就可以根据生产规模及产值产量的大小确定其用水量。

(3)取水定额是实行经济管理责任制的依据。取水定额是考核和衡量节水水平的尺度,当普遍建立健全经济承包责任制时,用水也将划入范围。作为定额的制定和考核工作,也有利于促进完善节水指标体系。

第三章　取水定额标准化的方法

第一节　取水定额标准的编制原则

取水定额是以生产过程中的每一个环节产品生产与用水之间定量关系为研究对象的,既要研究产品生产的工艺过程,又要研究用水过程,最终落脚点是把这两者有机结合起来,一同加以考察和研究。各行各业的产品生产既有某些相似之处,又更多地具备不同之处,工艺过程有的复杂,简单。这使得取水定额的制定较为复杂,涉及面较广,表现出较强的技术性。取水定额的编制要遵循以下几个主要原则。

1. 普遍性原则

突出取水定额的共性,其应适用于同一产品的同一类企业,对产品来讲具有广泛性,对企业来讲具有适用性。

2. 客观性原则

取水定额的制定要有依据,有可追溯的数据来源,保证数据的客观、合理性,与具体实际相结合。

3. 规范性原则

为了使定额在时间上和空间上具有可比性,从而便于今后对取水定额进行统一管理,在定额制定过程中,应规范工业产品的分类、取水定额的相关术语、明确评价定额指标先进性和科学性的方法、水平衡测试的程序。

4. 先进性原则

编制取水定额时应鼓励和促进工业节水和工业技术进步,体现先进性和科学性,有利于工业布局和工业结构调整。定额指标要有一定的超前性,不应仅代表行业的当前平均水平,还应反映先进企业的取水用水水平,同时考虑节水设备和科学技术的发展趋势。定额的实施应对节水管理水平较低、节水设备和技术落后的企业起到门槛作用,对大多数企业的节水管理都能起到拉动作用,能推动企业加强节水管理,促进节水设备的更新和技术的改造。定额编制时,应避免定额指标太迁就行业的大多数企业的现状,没有前瞻性,使标准发布不久(如 1~2 年)后,就落后于行业整体的合理用水的水平,成了摆设,无法作为技术标准被国家相关的激励性法规所采用。

取水定额应能体现产品生产中的先进适用工艺的节水水平,激励企业提高水的重复利用率,促进企业采纳新的用水节水技术,带动企业提高管理水平,达到节水的目的。

5. 可操作性原则

编制取水定额指标既要考虑定额指标的先进性,也要考虑定额指标的可操作性,指标的确定既要便于操作,又要达到促进节水的目的。为了提高指标的可操作性应考虑以下三个方面:

(1)行业的取水、用水、节水的整体水平和现实能力。

（2）空间尺度的现实性，指企业间用水和节水水平的现实差异（主要指生产同一种产品不同企业采用的原料差异、生产工艺的差异，不应包括管理水平和技术水平的差异）。

（3）时间尺度的现实性，指在一定时间内，该行业节约的设备、科学技术的发展趋势以及成本效益。对本行业的取水、用水、节水情况进行总体的摸底调查，对典型企业进行水平衡测试，估算节水的潜力和对重点的节水技术和设备进行成本效益分析，将有利于增强取水定额指标的合理性和可操作性，防止不切实际的"卫星"指标的出现。总之，定额指标应是先进性和可操作性的有机结合，既来自企业取水、用水、节水的管理和技术的现实情况，又高于企业取水、用水、节水的现实水平（考虑到节水管理需要和节水技术的发展进步）。

6. 因地制宜原则

进行定额管理的初衷是缓解水资源的供求紧张（包括水质性缺水）和水污染的现实，因此制定定额指标时应考虑各地区的不同水资源条件，对于缺水地区要坚持以水定供、以供定需的方针，促进缺水地区工业结构的调整。对于水资源条件较好的地区，应结合地区水资源开发利用规划，可适当调整，注意资源效益、环境效益和经济效益之间的平衡。

7. 持续改进原则

取水定额指标是在综合考虑了在工业产品生产中节水管理需要和取用水技术现实的基础上制定的，具有一定的时效性。随着生产设备的改善、工艺的革新和技术的发展，越来越多的企业在生产工业产品时，其单位产品取水量将小于取水定额指标，原有的定额将越来越难以起到促进企业加强节水管理和节水技术改造，推动企业进一步节水的作用。同时，随着我国节水型社会的初步建立和国民经济结构的调整，国家将对工业企业的节水管理提出新的要求，不同行业、不同产品的取水量定额指标也需进行相应的调整，特别是对一些新出现的重点取水行业要制定新的定额。因此，对各行业的取水定额应本着持续改进的原则，根据具体情况适时进行修订。

第二节　取水定额标准的制定程序

取水定额标准通常可参照图3-1的程序制定。

首先，应成立编制组，从组织上对标准编制任务进行落实，编制组成立应充分考虑和吸收各相关方，包括相关行业协会、研究机构、企业、行业专家等，必要时也可成立领导小组，由国家及地方业务主管部门和标准化主管部门人员参加。

其次，需要对取水定额编制对象的现状进行调查，可以通过文献查询、调查问卷、实地走访、研讨会等多种方式尽可能全面地掌握一手资料，根据这些资料对该对象的发展规模、用水规模、当前重点节水技术等做初步摸底分析，整理总结该对象的用水特点和用水水平，在此基础上编写标准框架。

再次，依据大样本数据调研，研究分析确定其单位产品取水量限值，起草国家标准草稿，编制组可组织专家进行讨论研究，对标准草稿进行修改形成征求意见稿。

最后，按照国家标准的制定程序，通过网络、邮件等形式广泛征求意见，征求意见的对象包括相关主管部门、行业协会、研究机构、企业、专家以及归口管理标委会委员等，根据反馈意见修改后,召集归口标委会成员和相关专家召开标准审查会,根据审查意见完成报批稿,最终报送国家标准委批准发布。

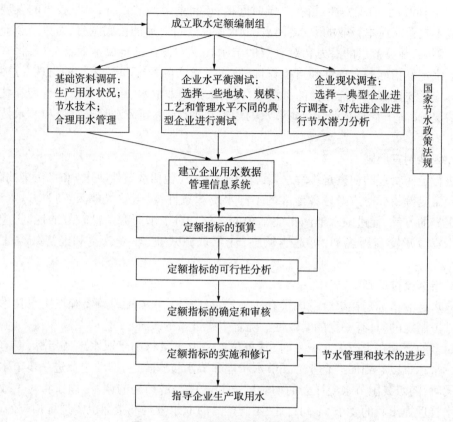

图3-1　取水定额国家标准编制程序

第三节　取水定额标准的对象选取

取水定额针对的对象,即"取水核算单位"是完成一种工业产品的单位,依据使用的目的不同,可以在不同的边界内运用定额来进行节水管理。它可以是一个企业,也可以是一个分厂或一个工段和车间、产品或工艺。为便于定额管理,国家标准采用的是以工业产品为取水核算单位,产品形式则是多样化,主要包括以下几种:

(1)最终产品,在一定时期内生产的并由其最后使用者购买的产品称为最终产品,例如啤酒、味精等;

(2)中间产品,一种产品从初级产品加工到提供最终消费要经过一系列生产过程,在没有成为最终产品之前处于加工过程中的产品统称为中间产品,例如纺织染整产品、乙烯等;

(3)初级产品,指未经加工或因销售习惯而略作加工的产品,例如选煤等;

(4)原料加工,例如石油炼制,选取的取水核算单位为加工吨原料油取水量。

此外,还有一些工业行业,根据产品生产特点,选取适当的取水核算单位,例如毛纺织产品按照工艺路线将产品细分,既包括洗净毛等中间产品,也包括羊绒制品等最终产品。已发布的取水定额国家标准的定额核算对象见表 3－1。

表 3－1　已发布的取水定额国家标准的定额核算对象

行业	取水核算单位	属性
火力发电	单位发电量取水量、单位装机容量取水量	原料加工
钢铁	吨钢取水量(普通钢、特殊钢)	中间产品
石油炼制	加工吨原料油取水量	原料加工
纺织染整	单位产品取水量	中间产品
造纸	单位产品取水量(纸浆)	中间产品
	单位产品取水量(纸、纸板)	最终产品
啤酒	千升啤酒取水量	最终产品
酒精	千升酒精取水量	最终产品
合成氨	吨合成氨取水量	中间产品
味精	吨味精取水量	最终产品
医药	单位产品取水量	中间产品
煤炭(选煤)	单位入洗原煤取水量	初级产品
氧化铝	单位产品取水量	中间产品
乙烯	单位乙烯生产取水量	中间产品
毛纺织	单位产品取水量(洗净毛、炭化毛、色毛条、色毛及其他纤维、色纱)	中间产品
	单位产品取水量(毛针织品、精梳毛织物、粗梳毛织物、羊绒制品)	最终产品
白酒	千升原酒取水量	中间产品
	千升成品酒取水量	最终产品
电解铝	单位电解原铝液取水量、单位重熔用铝锭取水量	中间产品

第四节　取水定额标准的边界确定

　　凡是工业产品生产直接或间接与用水量、取水量发生关系,又可进行计量考核的,都可根据实际需要编制规定用水或取水定额。产品生产过程一般包括主要生产、辅助生产和附属生产 3 个生产过程,定额所考虑和涉及的水量也是在上述 3 个过程范围内发生和需要的。

　　(1)主要生产用水是指主要生产系统(主要生产装置、设备)的用水,是工业用水的主体。不论是属于哪种性质的工业企业,只要有工业产品的生产就存在这种用水,是工业企业产品在生产过程中的直接用水。如在生产过程中所用的冷却水、洗涤水或作为原料使用的产品用水及生产线内的作业用水都属于生产用水,这部分水是编制工业用水定额的主要依据。

　　主要生产用水按用途可分为工艺用水、间接冷却水、产汽用水(锅炉用水)和其他用水。其中工艺用水又可分为:产品用水、洗涤用水、直接冷却水和其他工艺用水。主要生产用水量如图 3－2 所示。

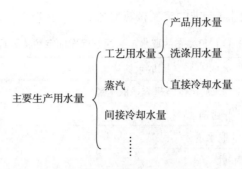

图 3-2　主要生产用水量

（2）辅助生产用水是指为主要生产系统服务的辅助生产系统的用水。辅助生产系统包括工业水净化单元、软化水处理单元、水汽车间、循环水场、机修、空压站、污水处理场、贮运、鼓风机站、氧气站、电修、检化验等。

这些服务性的辅助生产部门或系统对于一些专业化程度较高的企业来讲，不一定都需具备。这些企业在生产过程中所需要的热、冷、气等可由外购入，所以在制定用水定额时就不一定要包括在内。但对于出售热、冷、气的企业来讲，热、冷、气就是工业产品，生产热、冷、气的用水就是生产用水，而不能当作辅助生产用水对待。所以，在制定用水定额时，这部分产品的用水应否单独制定在内，要作具体考虑和分别对待。辅助生产用水量如图 3-3 所示。

图 3-3　辅助生产用水量

（3）附属生产用水是指在厂区内，为生产服务的各种服务、生活系统（如厂办公楼、科研楼、厂内食堂、厂内浴室、保健站、绿化、汽车队等）的用水。这部分水在制定用水定额时，应适当考虑。但这些服务、生活系统企业却大小不等，用水多少不同，如何处理要做具体的分析研究。附属生产用水量如图 3-4 所示。

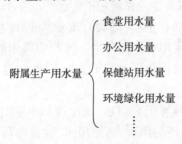

图 3-4　附属生产用水量

取水定额国家标准在制定的过程中,取水量的供给范围一般均包括主要生产、辅助生产(包括机修、运输、空压站等)和附属生产(包括绿化、浴室、食堂、厕所、保健站等),但是根据行业和产品的特点会有所不同(见表3-2)。

表3-2　取水定额国家标准中行业的取水量边界范围

行业	取水量边界范围
火力发电	采用直流冷却系统的企业取水量不包括从江、河、湖等水体取水用于凝汽器及其他换热器开式冷却并排回原水体的水量;企业从直流冷却水(不包括海水)系统中取水用做其他用途,则该部分应计入企业取水范围
钢铁	钢铁联合企业取水量供给范围,包括主要生产(含原料场、烧结、球团、焦化、炼铁、炼钢、轧钢、金属制品等)、辅助生产(含鼓风机站、氧气站、石灰窑、空压站、锅炉房、机修、电修、检化验、运输等)和附属生产(含厂部、科室、车间浴室、厕所等);不包括企业自备电厂的取水量(含电厂自用的化学水)、矿山选矿用水和外供水量
石油炼制	石油炼制取水量供给范围,包括主要生产、辅助生产(包括机修、运输、空压站等)和附属生产(包括绿化、浴室、食堂、厕所、保健站等),不包括芳烃联合装置及企业内自备电站
乙烯	不包括汽油加氢、聚乙烯、聚丙烯、环氧乙烷/乙二醇等下游产品
造纸	以木材、竹子、非木类(麦草、芦苇、甘蔗渣)等为原料生产本色、漂白化学浆,以木材为原料生产化学机械木浆,以废纸为原料生产脱墨或未脱墨废纸浆,其生产取水量是指从原料准备至成品浆(液态或风干)的生产全过程所取用的水量。化学浆生产过程取水量还包括碱回收、制浆化学品药液制备、黑(红)液副产品(黏合剂)生产在内的取水量。以自制浆或商品浆为原料生产纸及纸板,其生产取水量是指从浆料预处理、打浆、抄纸、完成以及涂料、辅料制备等生产全过程的取水量
啤酒	不包括麦芽制造
酒精	不包括综合利用产品生产的取水量(如二氧化碳回收、生产蛋白饲料等)
味精	味精制造取水量的供给范围包括主要生产[即以淀粉质、糖质为原料,经微生物发酵、提取、中和、结晶,制成味精(质量分数为99%的谷氨酸钠)的生产全过程]、辅助生产(包括机修、锅炉、空压站、污水处理站、检验、化验、综合利用、运输等)和附属生产(包括办公、绿化、厂内食堂和浴室、卫生间等)三个生产过程的取水量
选煤	选煤生产取水量的供给范围,包括主要生产(指跳汰、重介、浮选等湿法选煤工艺,不包括风选等干法选煤工艺)、辅助生产(指真空泵、空气压缩机等设备的冷却循环水的补充水,锅炉的补充水、水泵轴封水、除尘用水、地面冲洗和室外储煤场洒水抑尘喷枪的用水等)、附属生产(含厂区办公化验楼、浴室、食堂、公共卫生间、绿化、浇洒道路等)
白酒	白酒制造取水量的供给范围包括主要生产(包括制曲、酿酒、勾兑、包装)、辅助生产(包括机修、锅炉、空压占、污水处理站、检验、化验、运输等)和附属生产(包括办公、绿化、厂内食堂和浴室、卫生间等)三个生产过程的取水量
电解铝	取水量的供给范围包括主要用于工业生产用水、辅助生产(包括机修、运输、空压站、供电整流等)用水和附属生产(包括厂内办公楼、职工食堂、非营业的浴室及保健站、卫生间等)用水;取水量不包括阳极、阴极制造,不包括厂内的发电动力用水

第五节　取水定额指标的确定原则

政府自身职能的转变要求政府对企业节水的监督管理工作重点,应从对企业生产过程的用水管理转移到取水这一源头的管理,即通过取水定额的宏观管理,来推动企业生产这一微观过程中合理用水。同时,取水量相对用水量和重复利用率等指标来讲,更容易考核和验证。因此,定额的主体指标应是工业生产过程中的单位产品取水量,结合各工业行业和企业的不同情况,也可以用单位产品用水量、重复利用率等指标作为辅助指标。

同一类产品的单价由于受到品质、市场供求关系等多种因素影响,在时间上和空间上存在波动和差异。为了便于同一类产品在全国范围内的对比,使用单位(数量)产品取水量,而不是单位产值取水量作为定额指标。

根据在调查研究过程中对行业用水情况的了解、判断和分析,不难看出从总体上来说,通过近年来取水定额标准的深入实施,企业取得了很大的节水效益,尤其是一些新建的大中型企业,在工艺、技术、装备和管理上均可达到国内甚至国际先进水平。然而,企业之间在节水技术水平和管理手段上仍存在着较大的差异性,这些为取水定额国家标准的制修订提供了有益参考,据此提出如下制修订的原则:

(1)取水定额指标划分为三级,即先进企业、新建企业和现有企业三级指标。

(2)取水定额标准目前均为推荐性国家标准,因此三级指标均为推荐性指标,但是在定额管理中,现有企业取水定额作为计划用水和取水许可核算的重要依据,从某种程度上来说,具备了强制性要求的属性,在制定过程中通常遵循如下原则:

a)原则上要淘汰现有企业20%~30%落后的工艺或设备;

b)单位产品取水量最高值为国外先进值1.2倍原则;

c)与理论计算值相近原则;

d)广泛征求专家意见原则。

在实际编制过程中,应根据工业行业的自身特点和现状需求,除第一条原则之外,其他原则应综合考虑、无先后主次之分。

(3)新建企业取水定额作为新改扩建的准入要求,通常为国内先进水平,应优于现有企业平均水平。

(4)先进企业取水定额为鼓励和引导性指标,原则上为本行业的国际先进水平,或是国内领先水平。

第六节　取水定额指标的估算方法

不同的估算方法具有各自的特点和适用条件,因而预算时不能一概而论,应依据行业或产品的不同特点,单独使用某种估算方法或综合使用多种估算方法。定额指标的估算方法主要包括以下几种。

1. 回归分析法

回归分析法是数理统计中常用的一种方法,它是基于函数与各影响因素的一种数理

关系而建立的,取水量定额指标的回归式可表达为如下线性函数:

$$[q] = [X_0] + [C][X] \qquad (3-1)$$

式中:

　　[q]——取水量定额指标矩阵;

　[X_0]、[X]——影响用水量指标的因素(如气温、企业规模、企业生产技术水平、企业生产工艺状况、水资源条件等);

　　　[C]——与上述因素对应的回归系数。

该方法将取水定额的指标建立在与其相关的各个影响因素之上,取得了定额与因素之间的定量关系,使定额与影响因素之间有了直接的联系。但是它需要将企业规模、企业生产技术水平、企业生产工艺状况、水资源条件等因素量化,在此量化过程中,采用何种方法能够客观地反映实际情况是值得探讨和解决的。另外将定额指标和其影响因素之间用一种线性关系来描述是否合理,也是值得斟酌的。

2.典型样板法

典型样板法属类比法中的一种,在研究对象的影响因素比较复杂的情况下,可根据同类因素的相似性类推研究对象的变化规律,这种方法比较适合于产品取水量定额指标的估算。

3.平均先进法

平均先进法即二次平均法,这种方法首先将统计样品求均值,再对优于均值的样品求均值,以二次均值作为同类样品的较优值。由于我国地区间、企业间的工业用水水平存在较大差异,故在近期采用平均先进法可以更好地考虑这一现实情况,使取水量定额指标具有较强的适用性。

平均先进法的具体步骤如下:

(1)选取生产同一产品的样本企业 n 家,并调查它们历时三年的单位产品取水量,得到 $36n$ 个单位产品取水量数据,去除不合理的数据。

(2)计算所测数据的平均值 $\bar{v}$ 。

(3)列出所有小于 $\bar{v}$ 的取水单耗,计算其平均值 $\bar{\bar{v}}$ 及第二次平均值 $v_2 = (\bar{v} + \bar{\bar{v}})/2$ 。

(4)进行先进性判别。计算去除不合理数据后的单耗数据的方差 σ , $\lambda = (\bar{\bar{v}} - \bar{v})/\sigma$,查正态分布表计算 $\varphi(\lambda)$,若 $\varphi(\lambda)$ 大于规定的目标值,则 v_2 即可定为定额。

(5)若第二次平均值 v_2 能满足先进性要求,则按步骤(3)求第三次、第四次平均值,直到满足要求。

该法是现在大多数定额制定中所采用的方法,其计算方法简便,所得数据有较强的适用性。但是该法忽视产量、气温等因素的影响,这就会造成两种情况:一种是在企业管理已经很严格的情况下,由于产量较低,企业计划取水较少,而此时气温却很高,企业实际取水量超出了计划水量;另一种是企业产量很高,计划取水量很多,而此时气温较低,企业实际需要的水量并没有那么多,这就不能使定额促进企业加强用水管理。

4.专家咨询法

专家咨询法也称直观判断法,又称德尔菲法,是指有关专家依据经验并综合相关的信息、资料和数据,通过对用水过程的分析、讨论和比较,制定取水定额的方法。它的特点是集中专家的经验与意见,确定各指标的权数,并在不断的反馈与修改中得到比较准确的结果。

德尔菲法实现的步骤如下：

（1）选定专家，给出赋权要求，且保证权数归一化；

（2）匿名记录各专家的赋权结果；

（3）专家参考"反馈意见"修改预测结果；

（4）重复"反馈"与修改，直至达到精度则中止；

（5）以各专家最终预测值的平均作为组合预测。

步骤（3）中的"反馈意见"包括的统计量有相对偏差、预测修正度和中心方差。

提高德尔菲法预测精度有两个主要途径，即增加预测次数和设法增大各次预测的中心方差。

经验法简便易行，时间和资金的投入较少，定额调整方便。但是这种方法得来的定额是根据专家给出的定额参考值来确定的，其数据来源易受主观因素影响，技术依据不足，导致结果不够准确，没有足够的说服力。此法适用于刚投入生产的产品，缺乏用水资料的情况下使用，也可以作为其他指定取水定额方法的补充手段。

5. 时间序列法

时间序列法也是数理统计中常用的一种方法，该方法要求研究对象与时间之间具有较强的关联性，并且有较长系列的资料。该法按时间顺序将观测或记录到的一组数据排列起来，对外部影响因素的复杂作用进行简化，只考虑历史观测数据及其数据模式随时间的内在变化规律，进而对整个系统进行描述和解释，以对未来状态作出预测。常用的时间序列分析方法有：

（1）滑动平均模型（MA 过程）；

（2）回归模型[AR(p)过程]；

（3）回归 - 滑动平均模型[ARMA(p,q)过程]；

（4）有趋势性或季节性时间序列模型。

时间序列法充分考虑了取水定额随时间变化的关系，在完全忽视定额影响因素的情况下，却能够完美地拟合出单位产品取水量随着用水重复率和节水技术不断提高而下降的整体趋势，而且也能够根据季节变化对定额作出适当调整，是理论基础最为成熟的一种方法。在用水量定额指标预算时，对积累有较长系列的用水定额的行业或产品，宜采用此方法。但在进行定额的先进性判定时，一般是结合经验法或类比法进行判断，存在一定的主观性，而且计算出的单位产品取水量一旦不能满足先进性要求，该法很难再做出进一步的择优。

第四章 取水定额标准的应用

第一节 火力发电

一、行业发展及用水情况

我国的电力装机结构一直以火力发电为主,近年来,为了满足我国国民经济和社会发展的需要,以火力发电为主的电力装机容量迅速增长。2013 年年底全国发电装机容量首次超越美国位居世界第一,达到 12.5 亿 kW,其中非化石能源发电 3.9 亿 kW,占总装机比重达到 31.6%,同比提高 2.4 个百分点。2013 年,全国发电量和火力发电量分别为5.35 万亿 kW·h 和 4.22 万亿 kW·h,火力发电占总发电量的比例为 78.88%。2008—2013 年,我国火力年发电量由 2.80 万亿 kW·h 增长到 4.22 万亿 kW·h,增加 50.71%,见图 4-1。

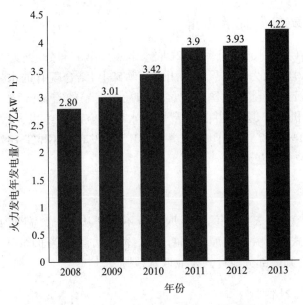

图 4-1　2008—2013 年火力发电年发电量

数据来源:中国电力企业联合会

火力发电发展的总体特点是新增机组朝着高参数、大容量、环保型方向发展。通过引进消化吸收国外先进重型燃气轮机联合循环机组制造技术,提高了设计制造能力和研发水平,促进了燃气轮机自主化。目前,30 万 kW 及以上机组占全国火力发电机组总容量的 72.7%,60 万千瓦级超(超)临界和百万千瓦级超超临界火电机组正逐渐成为我国火力发电发展的主力机型,全国在运行的百万千瓦超超临界机组达到 31 台。

火力发电行业是我国取水量较大的行业之一。2013 年,火力发电取水量为 84.4 亿 m³(不含直流冷却)。火力发电机组采用直流冷却、循环冷却及空气冷却的比例不同,其平均单位发电量取水量会有较大的差别。

2008—2013 年,火力发电年取水量(不含直流冷却,见表 4 - 1)由 78.5 亿 m³ 变化至 84.4 亿 m³,呈上下浮动状态;单位发电量取水量由 2.8 m³/(MW·h)逐年降低至 2.0 m³/(MW·h),减少了 28.57%。五年间,火力发电行业总体用水指标逐年下降,节约用水成效显著,采用的节水措施得力,节水技术有效。

表 4 - 1　2006—2013 年火力发电行业发展及用水情况

年份	火电取水量/亿 m³	单位发电量取水量/[m³/(MW·h)]
2008	78.5	2.8
2009	81.3	2.7
2010	83.7	2.4
2011	91.3	2.34
2012	84.4	2.15
2013	84.4	2.0

数据来源:中国电力企业联合会。

二、取水定额国家标准应用

2002 年 12 月,GB/T 18916.1—2002《取水定额　第 1 部分:火力发电》正式发布,该标准是在充分调查国内火力发电厂取水用水的基础上,结合现有的水处理技术和其他相关技术的基础上确定的。随着我国国民经济和社会发展的需要,近年 600MW 及以上大型火力发电机组装机增长迅速,并且在富煤缺水地区空冷机组也大量涌现。因此,2009 年对 GB/T 18916.1—2002 进行了修订,并于 2012 年发布了 GB/T 18916.1—2012《取水定额　第 1 部分:火力发电》。

(一)相关内容释义

火力发电采用直流冷却系统的企业取水量不包括从江、河、湖等水体取水用于凝汽器及其他换热器开式冷却并排回原水体的水量;企业从直流冷却水(不包括海水)系统中取水用做其他用途,则该部分应计入企业取水范围。

(二)主要修订内容

1. 规模分类

近年来随着我国国民经济和社会发展的需要及"上大压小"政策的推进,火力发电装机容量迅速增长,600MW 及以上大型火力发电机组装机增长迅速。2010 年,600MW 及以上的大机组已经占据了 36.8% 的份额。因此,在修订后的标准中将原"单机容量≥300MW"一项分解为"单机容量 300MW 级"及"单机容量 600MW 级及以上"两项。

2. 机组冷却形式

随着我国空冷机组的迅猛发展,新增火电采用空冷系统的比例从 2004 年的 3% 迅速提升至目前的40%,因此在修订后的火电取水定额国家标准中增加了空气冷却机组的定额值。

3.定额指标值

另外由于近年来随着电力科学技术的发展和人们节水意识的提高,火力发电厂耗水逐年下降,为更进一步合理有效利用水资源、节约水资源,通过对电力企业用水特点和节水能力的广泛调研,在收集了大量火电厂用水情况资料的基础上,对定额指标值进行了修改,修订前后取水定额指标对比详见表4-2。

以循环冷却且单机容量小于300MW的机组为例,修订后的单位发电量取水量为3.20m³/(MW·h),比修订前的定额指标值降低了33.3%;单位装机容量取水量为0.88m³/(s·GW),比修订前的定额指标值降低了12%。

表4-2 GB/T 18916.1—2002 与 GB/T 18916.1—2012 定额指标对比

分类		单位发电量取水量/[m³/(MW·h)]		单位装机容量取水量/[m³/(s·GW)]	
		GB/T 18916.1—2002	GB/T 18916.1—2012	GB/T 18916.1—2002	GB/T 18916.1—2012
循环冷却	单机容量<300MW	4.80	3.20	1.0	0.88
	单机容量300MW级	3.84	2.75	0.8	0.77
	单机容量600MW级及以上		2.40		0.77
直流冷却	单机容量<300MW	1.20	0.79	0.2	0.19
	单机容量300MW级	0.72	0.54	0.12	0.13
	单机容量600MW级及以上		0.46		0.11
空气冷却	单机容量<300MW	—	0.95	—	0.23
	单机容量300MW级		0.63		0.15
	单机容量600MW级及以上	—	0.53	—	0.13

三、定额指标对比分析

目前,全国共有29个省市制定了火力发电用水定额,国家标准中则有 GB/T 18916.1—

2012《取水定额　第1部分:火力发电》。具体指标见表4-3。

表4-3　国家标准及各地用水定额标准汇总

标准/省市	年份	行业类别	定额指标/单位	规 模	用水定额	备注
GB/T 18916.1—2012《取水定额　第1部分:火力发电》	2012	火力发电	单位发电量取水量 $m^3/(MW \cdot h)$	单机容量<300MW	2.4	循环冷却
					0.79	直接冷却
					0.95	空气冷却
				单机容量300MW级	2.75	循环冷却
					0.54	直接冷却
					0.63	空气冷却
				单机容量600MW级以上	2.40	循环冷却
					0.46	直接冷却
					0.53	空气冷却
			单位装机容量取水量 $m^3/(s \cdot GW)$	单机容量<300MW	0.88	循环冷却
					0.19	直接冷却
					0.23	空气冷却
				单机容量300MW级	0.77	循环冷却
					0.13	直接冷却
					0.15	空气冷却
				单机容量600MW级以上	0.77	循环冷却
					0.11	直接冷却
					0.13	空气冷却
天津	2003	火力发电	$m^3/(万 kW \cdot h)$		13.81~17.70	
内蒙古	2009	火力发电	$m^3/(MW \cdot h)$ (发电量)	300MW·h以下	4.8	循环冷却
				300MW·h以上	3.84	循环冷却
				300MW·h以下	1.2	直流冷却
				300MW·h以上	0.72	直流冷却
					0.8	空冷机组
			$m^3/(s \cdot GW)$ (装机容量)	300MW·h以下	1.0	循环冷却
				300MW·h以上	0.8	循环冷却
				300MW·h以下	0.2	直流冷却
				300MW·h以上	0.12	直流冷却
					0.18	空冷机组
					0.38	天然气发电
					0.56	焦炉煤气发电

续表

标准/省市	年份	行业类别	定额指标/单位	规　模	用水定额	备注	
辽宁	2008	火力发电	m³/(MW·h)	<300MW	4.8	2000年1月1日前建成投产的企业	循环冷却
					3.2	2000年1月1日起新、扩、改建成投产的企业	
				≥300MW	3.84	2000年1月1日前建成投产的企业	
					3.0	2000年1月1日起新、扩、改建成投产的企业	
				<300MW	1.2	2000年1月1日前建成投产的企业	直流冷却
					1.0	2000年1月1日起新、扩、改建成投产的企业	
				≥300MW	0.72	2000年1月1日前建成投产的企业	
					0.65	2000年1月1日起新、扩、改建成投产的企业	
				<300MW	1.2	空气冷却	
				≥300MW	0.8		
河北	2009	火力发电	m³/(MW·h)（考核值）m³/(s·GW)（准入值）	≥300MW	2.39	考核值	循环水冷
					0.80	准入值	
				<300MW	3.00	考核值	
					1.00	准入值	
				≥300MW	0.72	考核值	直流冷却
					0.12	准入值	

续表

标准/省市	年份	行业类别	定额指标/单位	规　模	用水定额	备注	
河北	2009	火力发电	$m^3/(MW \cdot h)$（考核值）$m^3/(s \cdot GW)$（准入值）	<300MW	1.20	考核值	直流冷却
					0.20	准入值	
				≥300MW	0.96	考核值	空冷
					0.20	准入值	
				<300MW	1.20	考核值	
					0.30	准入值	
				≥600MW	2.15	考核值	
					0.75	准入值	
				<600MW	0.86	考核值	
					0.16	准入值	
湖北	2003	火电	$m^3/($万$kW \cdot h)$		670		
					1810	武昌热电厂	
					1260	武汉阳逻电厂	
河南	2009	火力发电业	$m^3/($万$kW \cdot h)$	≥300MW	12	循环冷却	
				<300MW	30		
				≥300MW	7.2	直流冷却	
				<300MW	12		
黑龙江	2010	电力生产	$m^3/$万元		96	①电厂、总产值,冷却塔循环系统	
					247	②增加值,其他条件同①	
					142	③热电厂,其他条件同①	
					347	④热电厂,增加值,其他同①	
					3790	⑤电厂,总产值,直流冷却系统	
					11893	⑥增加值,其他同⑤	

续表

标准/省市	年份	行业类别	定额指标/单位	规　模	用水定额	备注
江苏	2010	电力生产业	m³/（万 kW·h）	＜300MW	48	循环冷却
				≥300MW	38	
				＜300MW	1200	直流冷却
				≥300MW 且＜600MW	1100	
				≥600MW	1000	
					350	直流冷却，燃气机组
					35	循环冷却，燃气机组
					15	海水循环冷却电厂淡水用量
					5	核电
山东	2010	火力发电	m³/（万 kW·h）	＜5 万 kW	45	循环冷却系统
				≥5 且＜15 万 kW	35	
				≥15 且＜30 万 kW	30	
				≥30 万 kW	25	
					30	循环冷却系统，不包括供热
				≥5 且＜15 万 kW	10	海水直流冷却系统
				≥15 且＜30 万 kW	7	
				≥30 万 kW	5	
山西	2008	火电	m³/（s·GW）	≥300MW	0.12	空冷机组
					0.40	湿冷机组
				＜300MW	0.15	空冷机组
					0.50	湿冷机组

标准/省市	年份	行业类别	定额指标/单位	规　模	用水定额	备注
浙江	2004	电力生产	m³/(万 kW·h)	开式 50MW 以下	2270 ~ 2950	
				开式 50MW 以上	1750 ~ 2270	
				半开半闭式	432 ~ 618	
				闭式	70 ~ 100	
安徽	2007	火力发电	m³/(万 kW·h)	装机容量 ≥300MW	600 ~ 700	直流冷却供水系统
				装机容量 <300MW	1000 ~ 1200	直流冷却供水系统
				装机容量 ≥300MW	30 ~ 50	循环冷却供水系统
				装机容量 <300MW	40 ~ 60	循环冷却供水系统
广东	2007	电力生产业	m³/(万 kW·h)		按 GB/T 18916.1—2002	燃煤发电,循环冷却供水系统
				装机容量 300 万 kW 以上	1000 ~ 1600	燃煤发电,直流冷却供水系统(除冷却水之外)的取水,按 GB/T 18916.1—2002
				装机容量 300 万 kW 以下	1300 ~ 2000	
					8.00 ~ 11.0	燃煤发电,海水冷却
江西	2011	火力发电	m³/(万 kW·h)	单机容量 <600MW	1200	直流冷却
				单机容量 ≥600MW	1000	
				单机容量 <300MW	48	循环冷却
				单机容量 ≥300MW	38.4	

续表

标准/省市	年份	行业类别	定额指标/单位	规 模	用水定额	备注
云南	2006	火力发电	$m^3/(MW \cdot h)$	300MW 及以上	3.8	循环冷却供水系统
				300MW 及以上	0.7	直流冷却供水系统
				200MW 及以上	5.3	循环冷却供水系统
				200MW 及以上	1.3	直流冷却供水系统
				100MW 及以上	6.2	循环冷却供水系统
				100MW 及以上	1.6	直流冷却供水系统
				25MW 及以上	7.2	循环冷却供水系统
				25MW 及以上	1.8	直流冷却供水系统
吉林	2010	电力生产	$m^3/(MW \cdot h)$		≤4.8	按 GB/T 18916.1
					≤1.2	
					≤3.84	
					≤0.72	
上海	2010	火力发电	$m^3/(MW \cdot h)$	<300MW	1.20	直流冷却
				≥300MW	0.34	
				<300MW	4.80	循环冷却
				≥300MW	3.84	
福建	2007	火力发电	$m^3/(万 kW \cdot h)$		660~1100	循环冷却
					8.5~50	海水冷却（直流）
湖南	2008	火力发电	$m^3/(MW \cdot h)$	≥300MW	4	循环冷却
				<300MW	5	
				≥300MW	120	直流冷却
				<300MW	130	

标准/省市	年份	行业类别	定额指标/单位	规 模	用水定额	备注
广西	2010	火力发电	m³/(MW·h)	<300MW	≤150.00	直流,冷却水部分
				<300MW	≤1.20	直流,不包含冷却水
				≥300MW	≤130.00	直流,冷却水部分
				≥300MW	≤0.72	直流,不包含冷却水
				<300MW	≤4.80	循环
				≥300MW	≤3.84	
海南	2008	火力发电	m³/(万kW·h)		16	海水循环淡水利用
					1260	开式
					66	闭式
重庆	2007	电力	m³/(万kW·h)	≥30万kW	1200	直流
				<30万kW	1300	
				≥30万kW	38	循环
				<30万kW	48	
四川	2010	电力生产业（火电）	m³/(MW·h)	<300MW	1.2	直流冷却
				≥300MW	0.72	
				<300MW	4.8	循环冷却
				≥300MW	3.84	
贵州	2011	电力生产	m³/(MW·h)	<150MW级	4.2	矸石发电
				≥150MW级	3.6	矸石发电
				≥300MW级且<600MW级	2.9	
				≥600MW级且<1000MW级	2.8	
				≥1000MW级	2.7	
陕西	2004	火力发电	m³/(MW·h)	≥300MW	3.8	
			m³/(s·GW)		0.8	
			m³/(MW·h)	<300MW	4.8	
			m³/(s·GW)		1.0	

标准/省市	年份	行业类别	定额指标/单位	规　模	用水定额	备注
甘肃	2011	火力发电业	m³/(MW·h)（发电量）	＜300MW	≤4.8	循环冷却
				≥300MW	≤3.84	
				＜300MW	≤1.2	直流冷却
				≥300MW	≤0.72	
青海	2009	火力发电	m³/(MW·h)	＜300MW	4.8	循环冷却
				≥300MW	3.84	
			m³/(s·GW)	＜300MW	1.0	
				≥300MW	0.8	
			m³/(MW·h)	＜300MW	1.2	直流冷却
				≥300MW	0.72	
			m³/(s·GW)	＜300MW	0.2	
				≥300MW	0.12	
宁夏	2005	火力发电业	m³/(MW·h)（单位发电量）	＜300MW	≤4.8	循环冷却
				≥300MW	≤3.84	
			m³/(s·GW)（装机取水量）	＜300MW	≤1.0	
				≥300MW	≤0.8	
新疆	2007	火力发电业	m³/(万kW·h)		38.89	

通过对比可知,国家标准和地方标准主要在以下两方面存在差异。

1.分类尺度不同

国家标准中将定额指标按单机容量和机组冷却形式进行分类,单机容量分为"＜300MW""300MW级"和"600MW及以上"三类,机组冷却形式分为循环冷却、直接冷却和空气冷却三类。

地方标准中分类方式多样,主要有:

(1)只针对火力发电行业规定定额(如天津、新疆);

(2)规模分为分为单机容量"＜300MW"和"≥300MW"两类(如内蒙古、辽宁);

(3)规模分为分为单机容量"＜300MW""300MW级"和"600MW及以上"三类(如河北);

(4)冷却形式分为循环冷却、直接冷却和空气冷却三类(如内蒙古、河北);

(5)冷却形式分为循环冷却和直流冷却两类(如辽宁、河南);

(6)冷却形式分为空冷和湿冷两类(如山西)。

2.定额值不同

国家标准中的定额指标分为单位发电量取水量和单位装机容量取水量两类,地方标准中有5个省市与国家标准定额指标一致,22个省市只有单位发电量取水量一个指标,1个省只有单位装机容量取水量一个指标,一个省的指标为万元产值取水量。

同时各省市的指标值高低也各不相同,以单机容量<300MW 的循环冷却机组为例,国标单位发电量取水量为 2.4m³/(MW·h),地方标准中最大值为 6m³/(MW·h),最小值为3.0m³/(MW·h),均低于国家标准的要求;单位装机容量取水量为 0.88m³/(s·GW),地方标准中除山西省为 0.5m³/(s·GW)严于国家标准要求外,其余省市均为 1.0m³/(s·GW),低于国家标准的要求。

第二节　钢铁联合企业

一、行业发展及用水情况

近年来,我国钢铁产业集中度不断提高,工艺技术装备水平显著提升。我国超过1000 万 t 的钢铁企业集团达到 13 家,2013 年全国粗钢产量为 77900 万 t,比 2008 年的50305.75 万 t 增加了 54.85%(见表 4 - 4)。

表 4 - 4　钢铁行业用水情况

年份	粗钢产量/万 t	取水量/亿 m³	吨钢取水量/(m³/t)	重复利用率/%
2008	50305.75	27.2	5.4	96.6
2009	57218.23	28.0	4.9	97.0
2010	63722.99	27.9	4.3	97.3
2011	68528.31	27.1	3.81	97.4
2012	72388.22	28.0	3.78	97.4
2013	77900.00	28.5	3.67	97.6

数据来源:《中国钢铁工业年鉴》。

钢铁工业既是我国国民经济重要的基础产业,又是消耗能源、资源大户。钢铁工业生产全流程几乎都离不开水,从选矿、烧结、焦化、炼铁、炼钢、轧钢各工序都需要消耗大量水资源。2013 年钢铁行业年取水量为 28.5 亿 m³,比 2008 年的 27.2 亿 m³ 增加4.78%。根据中国钢铁工业环境保护统计年报,我国钢铁行业用水现状特点表现为以下几个方面:吨钢取水量呈逐年下降趋势,2008 年吨钢取水量为 5.4m³,2013 年吨钢取水量为 3.67m³,下降 32.04%;用水重复利用率呈逐年上升的趋势,2008 年水重复利用率为96.6%,2013 年水重复利用率为 97.6%,提高了 1 个百分点。具体详见表 4 - 4。

近年来,我国钢铁装备技术大型化现代化进程加快,节水主要通过优化水系统、创新节水工艺、高效循环用水、再生利用废水、收集利用雨水等综合节水技术。在钢产量持续快速增长的同时,用水效率全面提升,达到了国际先进水平,用水量得到有效遏制,逐年下降。

目前,重点统计企业中,建污水回用处理厂的企业有 40 家,占统计企业的近 50%,这是我国钢铁行业吨钢取水量逐年下降的重要原因之一。但是,其中仅三分之一建有脱盐深度处理设施,对污水回用率有一定的不利影响。因此,需要在加强污水回用处理厂建设的同时,重视配套建设脱盐深度处理设施,改善污水回用水质,提高污水回用率。在没有深度处理的情况,废水回用率达75%。如首钢、本钢、鞍钢、邯钢等。根据调研企业,建有污水处理厂的企业废水回用率一般达到50%以上,少数达到75%。全厂重复利用率被调企业平均96.1%,2008年重点统计企业96.6%。目前,钢铁企业间接冷却、直接冷却水均循环使用,其中间接冷却水循环率一般都已达到96%以上,先进水平达到98%。直接冷却水循环率也达到93%以上,先进水平达到96%。

钢铁行业使用非常规水资源主要是指海水淡化水、苦咸水、矿井水、城市市政污水、雨水等。根据钢铁企业分布状况,钢铁企业使用非常规水资源受所处地区自然环境限制,位于不同地理位置的企业使用非常规水资源的条件不同,如企业有自有矿山,且富含水量,则有可能采用矿井水,位于海边的钢铁企业则有使用海水的可能,因此,对于钢铁企业使用非常规水资源不可能用统一的标准要求,因此,目前只是采取鼓励的方式,有条件的企业积极采用,没有强制要求。

二、取水定额国家标准应用

钢铁行业是用水大户,为了指导钢铁行业节约用水,2002年12月GB/T 18916.2—2002《取水定额　第2部分:钢铁联合企业》正式发布。通过"十一五"期间钢铁企业的节水工作,钢铁行业用水水平有了较大的提高,吨钢取水量逐步降低。不少企业的用水水平达到了国际先进水平。同时,由于节水技术的进步,钢铁行业装备水平的提高,不用水工艺的出现,使得95%以上的钢铁企业用水水平已远远比GB/T 18916.2—2002所制定的取水定额先进。因此,2009年开始对该标准进行修订,并于2012年发布了GB/T 18916.2—2012《取水定额　第2部分:钢铁联合企业》。

(一)相关内容释义

钢铁联合企业是指烧结、焦化、炼铁、炼钢、轧钢等基本平衡的钢铁企业。包括普通钢厂和特殊钢厂,不包括独立的炼铁、炼钢、轧钢等钢铁企业。

钢铁联合企业取水量供给范围包括主要生产、辅助生产和附属生产,分别包含:

(1)主要生产:含原料场、烧结、球团、焦化、炼铁、炼钢、轧钢、金属制品等;

(2)辅助生产:含鼓风机站、氧气站、石灰窑、空压站、锅炉房、机修、电修、检化验、运输等;

(3)附属生产:含厂部、科室、车间浴室、厕所等。

但不包括企业自备电厂的取水量(含电厂自用的化学水)、矿山选矿用水和外供水量。

(二)主要修订内容

1.分类

修订前标准将普通钢厂和特殊钢厂按照产量大小进行分类,分别制定取水定额值,而修订后的标准未针对产量大小进行分类。

这是因为近年来,钢铁行业集中度越来越高,年产量300万t以上的钢厂占66%以上。同时,通过对70余家企业近四年的取用水数据调研分析,得知钢铁企业吨钢取水量指标不随企业规模大小而有较大变化。而GB/T 18916.2—2002中,受当时钢铁行业整体节水水平的限制,取水定额指标按规模有所不同。当时情况下,人们的节水意识淡薄,水质稳定技术欠缺,设计的用水系统基本上以直流系统为主。大型企业只有宝钢用水系统全部是循环水系统,其他大型企业设备间接冷却水系统基本为直流系统,直接冷却水少量循环,大部分也是处理达标后排放,不回用。特别是规模越小的企业,几乎全部是直流,根据当时调研情况,制定了分不同规模的取水定额,让企业能在较短时间内,达到取水定额值。

2.定额值

通过对全国 54 家典型普通钢铁联合企业的取水量统计分析,吨钢取水量一次平均值和二次平均值分别为 $4.95m^3/t$ 和 $3.76m^3/t$;吨钢取水量能达到 $4.9m^3/t$ 的企业占典型普通钢铁联合企业的 46% 以上,即现有典型钢铁联合企业已有 46% 的企业不用再改造就能达吨钢取水量 $4.9m^3/t$ 的定额指标。只要适当进行节水设施改造完善,大部分的钢铁企业可以达到 $4.9m^3/t$。结合调研数据分析、钢铁联合企业的特点和专家咨询的意见,最终确定了修订后的普通钢厂吨钢取水量为 $4.9m^3/t$。

通过对全国 11 家特殊钢铁企业吨钢取水量的统计分析,其一次平均值和二次平均值分别为 $5.03m^3/t$ 和 $4.3m^3/t$。结合数据分析、行业特点和专家意见,将特殊钢厂吨钢取水量确定为 $7m^3/t$,能达到该指标要求的企业占统计企业的 45%。通过节水设施改造,大部分的企业能够达到这一指标要求。

修订前后取水定额指标值对比见表 4-5。以钢产量≥400 万 t/a 的普通钢铁联合企业为例,修订后的吨钢取水量为 $4.9m^3/t$,比修订前的 $12m^3/t$ 降低了 59.17%。

表 4-5 GB/T 18916.2—2002 与 GB/T 18916.2—2012 定额指标对比

分类			吨钢取水量/(m^3/t)	
			GB/T 18916.2—2002	GB/T 18916.2—2012
现有企业	普通钢厂	钢产量≥400 万 t/a	≤12	4.9
		200 万 t/a≤钢产量<400 万 t/a	≤14	
		100 万 t/a≤钢产量<200 万 t/a	≤16	
		钢产量<100 万 t/a	≤15	
	特殊钢厂	钢产量≥50 万 t/a	≤18	7.0
		30 万 t/a≤钢产量<50 万 t/a	≤20	
		钢产量<30 万 t/a	≤22	
新建企业	普通钢厂		—	4.5
	特殊钢厂		—	4.5

三、定额指标对比分析

目前,全国共有 29 个省市制定了钢铁行业的用水定额,国家标准中有 GB/T 18916.2—2012《取水定额 第 2 部分:钢铁联合企业》,清洁生产标准也对钢铁行业中的不同产品等进行了不同的定额指标规定。具体指标见表 4-6。

通过对比,国家标准、行业标准和地方标准存在以下差异。

1. 分类尺度不同

国家标准适用于钢铁联合企业,分为普通钢厂和特殊钢厂两类,定额指标分为现有企业和新建企业两级。

钢铁行业清洁生产标准有5项,分别对炼钢、烧结等长、短流程企业制定了吨钢取水量,指标分为三级。

地方标准中分类尺度差别较大,除3个省市涉及钢铁联合企业外,其他均是针对产品或工序等短流程企业,主要分类包括:

(1)分为炼铁、炼钢和钢压延加工三大行业,并针对这三大行业中的主要产品或工序制定了取水定额值;

(2)按照企业生产规模进行了分类。

地方标准中将指标分为现有企业和新建企业两级的只有2项。

2. 定额值不同

国家标准、行业标准和地方标准的取水定额值也各不相同,差异较大。针对钢铁联合企业,国家标准中普通钢厂现有企业吨钢取水量为4.9m³/t,地方标准中吨钢取水量最小的为5.7m³/t,最大的为16m³/t,低于国家标准的要求。国家标准中特殊钢厂现有企业吨钢取水量为7m³/t,行业标准中为4.5m³/t,高于国家标准的要求。

表4-6　国家标准、行业标准及各地用水定额标准汇总

标准/省市	年份	行业类别	指标/产品分类	定额单位	定额值			备注
GB/T 18916.2—2012《取水定额 第2部分:钢铁联合企业》	2012	钢铁联合企业	吨钢取水量	m³/t	4.9			普通钢厂
				m³/t	7			特殊钢厂
				m³/t	4.5			普通钢厂
				m³/t	4.5			特殊钢厂
HJ/T 427—2008《清洁生产标准 钢铁行业(高炉炼铁)》	2008	高炉炼铁	生产取水量	m³/t	≤1	≤1.5	≤2.4	
			水重复利用率	%	≥98		≥97	
HJ/T 428—2008《清洁生产标准 钢铁行业(炼钢)》	2008	炼钢	生产取水量	m³/t	≤2	≤2.5	≤3	转炉炼钢
			水重复利用率	%	≥98	≥97	≥96	
			生产取水量	m³/t	≤2.3	≤2.6	≤3.2	电炉炼钢
			水重复利用率	%	≥98	≥96	≥94	
HJ/T 426—2008《清洁生产标准 钢铁行业(烧结)》	2008	烧结	生产取水量	m³/t	≤0.25	≤0.3	≤0.35	
			水重复利用率	%	≥95	≥93	≥90	

标准/省市	年份	行业类别	指标/产品分类	定额单位	定额值			备注
HJ 470—2009《清洁生产标准　钢铁行业（铁合金）》	2009	铁合金	新水消耗		≤5	≤8	≤10	硅铁
			水重复利用率	%	≥95		≥90	
			新水消耗	m³/t	≤5	≤8	≤10	电炉高碳锰铁产品（溶剂法）
			水重复利用率	%	≥95		≥90	
			新水消耗	m³/t	≤5	≤8	≤10	锰硅合金产品
			水重复利用率	%	≥95		≥90	
			新水消耗	m³/t	≤1	≤2	≤3	电硅热法中低碳锰铁产品
			水重复利用率	%	≥95		≥90	
			新水消耗	m³/t	≤5	≤8	≤10	高碳铬铁产品
			水重复利用率	%	≥95		≥90	
			新水消耗	m³/t	≤1	≤2	≤3	电硅热法中低微碳锰铁产品
			水重复利用率	%	≥95		≥90	
HJ/T 318—2006《清洁生产标准　钢铁行业（中厚板轧钢）》	2006	中厚板轧钢	生产取水量	m³/t	≤0.45	≤0.75	≤1	
			生产水复用率	%	≥98	≥96	≥94	
			特殊钢厂	m³/t	4.5			
天津	2003	冶金工业	冷轧带钢	m³/t	4～4.7			
			冷拉型钢	m³/t	5.959～7.866			
			热轧带钢	m³/t	0.9～1.06			
			热轧窄带钢	m³/t	3.06～3.13			
			转炉炼钢	m³/t	3.98～4.64			
			角钢罗纹钢	m³/t	3.6～4.8			
			普通小型钢材	m³/t	3.6～4			
			连铸钢坯	m³/t	0.86～1.12			
			预应力钢绞线	m³/t	8.1～10.7			
			钢丝	m³/t	7.35～9.7			
			预应力钢丝	m³/t	7.6～10			
			通讯线用镀锌低碳钢	m³/t	7.8～8.1			
			气体保护及熔化焊用钢丝	m³/t	16.45～17.1			
			高速线材	m³/t	1.82～1.9			

续表

标准/省市	年份	行业类别	指标/产品分类	定额单位	定额值	备注
天津	2003	冶金工业	航空钢丝绳	m³/t	53.7～63.86	
			航空钢丝绳	m³/t	52.2～66.66	
			镀锌钢丝绳	m³/t	39.1～51.57	
			光面钢丝绳	m³/t	33.1～43.65	
			冷轧薄板	m³/t	4～5.5	
			热轧薄板	m³/t	1.35～1.58	
			中板	m³/t	3.25～3.33	
			无缝冷拔管	m³/t	8.45～10	
			焊管	m³/t	4.5～5.3	
			无缝热轧管	m³/t	31～33.7	
			盘条	m³/t	2.2～3.05	
			直接还原铁	m³/t	1.74～1.8	
			普通镀锌钢绞线	m³/t	5.8～7	
			镀铜钢带	m³/t	9.5～10.5	
			65%～75%硅铁	m³/t	47.5～53.5	
			电解铜	m³/t	49.4～59.7	
			普通同型材	m³/t	5.02～5.73	
			水平连铸黄铜丝	m³/t	25.7～32.2	
			低氧圆铜杆	m³/t	41～48.5	
			普通铝型材	m³/t	15.7～18.8	
			铝合金型材	m³/t	49.46～56.5	
			电焊条	m³/t	21.82～22.93	
			坩埚	m³/t	6.08～7.71	
			油砖	m³/t	13.89～17.9	
内蒙古	2009	炼铁	生铁	m³/t	1.5	高炉炼铁
		炼钢	钢材	m³/t	3	转炉炼钢
				m³/t	3.2	电炉炼钢
				m³/t	16	钢铁联合企业
		钢压延加工	线材、角钢	m³/t	1	

标准/省市	年份	行业类别	指标/产品分类	定额单位	定额值	备注
辽宁	2008	炼铁	烧结	m³/t	0.35	2008 年 8 月 1 日前建成企业或生产线
					0.3	2008 年 8 月 1 日起新、改、扩建成投产的企业或生产线
			生铁	m³/t	2.4	生产工艺:高炉;2008 年 8 月 1 日前建成投产的企业或生产线
					1.5	生产工艺:高炉;2008 年 8 月 1 日起新、改、扩建成投产的企业或生产线
			再生铁	m³/t	6.6	
		炼钢	炼钢	m³/t	0.8	生产工艺:转炉;2008 年 8 月 1 日前建成投产的企业或生产线
					0.5	生产工艺:转炉;2008 年 8 月 1 日起新、改、扩建成投产的企业或生产线
					0.9	生产工艺:电炉;2008 年 8 月 1 日前建成投产的企业或生产线
					0.6	生产工艺:电炉;2008 年 8 月 1 日起新、改、扩建成投产的企业或生产线

续表

标准/省市	年份	行业类别	指标/产品分类	定额单位	定额值	备注
辽宁	2008	炼钢	吨钢取水量	m³/t	4~6	普通钢厂（联合企业），2005年1月1日起新、改、扩建成投产的企业或生产线
					6~8	普通钢厂（联合企业），2005年1月1日前建成或投产的企业或生产线，生产能力：≥200万t/a
					8~10	普通钢厂（联合企业），2005年1月1日前建成或投产的企业或生产线，生产能力：<200万t/a
			吨钢取水量	m³/t	6~8	特殊钢厂（联合企业），2005年1月1日起新、改、扩建成投产的企业或生产线
					10~12	特殊钢厂（联合企业），2005年1月1日前建成或投产的企业或生产线，生产能力：≥30万t/a
					12~14	特殊钢厂（联合企业），2005年1月1日前建成或投产的企业或生产线，生产能力：<30万t/a

标准/省市	年份	行业类别	指标/产品分类	定额单位	定额值	备注
辽宁	2008	钢压延加工	连轧	m³/t	2.0	2005年1月1日起新、改、扩建成投产的企业或生产线
					2.8	2005年1月1日前建成或投产的企业或生产线,生产能力:≥10万 t/a
			冷轧	m³/t	2.5~5	生产能力:≥10万 t/a
			热轧带钢	m³/t	2.5	生产能力:≥10万 t/a
			焊接钢管	m³/t	3	生产能力:≥10万 t/a
			无缝钢管	m³/t	2~5	生产能力:≥10万 t/a
			厚板	m³/t	7	生产能力:≥10万 t/a
			中板	m³/t	3	2005年1月1日起新、改、扩建成投产的企业或生产线
					5	2005年1月1日前建成或投产的企业或生产线,生产能力:≥10万 t/a
			薄板	m³/t	4	生产能力:≥10万 t/a
			大型材	m³/t	5	生产能力:≥10万 t/a
			中型材	m³/t	3.5	生产能力:≥10万 t/a
			小型材	m³/t	2.5	生产能力:≥10万 t/a

续表

标准/省市	年份	行业类别	指标/产品分类	定额单位	定额值	备注	
辽宁	2008	钢压延加工	冷弯型钢	m³/t	5~7	生产能力：≥10万t/a	
			线材	m³/t	0.15~2	生产能力：≥10万t/a	
			不锈钢板	m³/t	34		
			不锈钢管	m³/t	54		
			镀锌钢管	m³/t	19		
			螺纹钢	m³/t	3~5		
			冷轧带钢	m³/t	4		
			开坯	m³/t	3.3		
河北	2009	炼铁	烧结矿	m³/t	0.60	考核值	
					0.37	准入值	
			球团矿	m³/t	0.50	考核值	
					0.40	准入值	
			生铁	m³/t	1.20	考核值	铸造生铁和含钒生铁乘系数1.25
					1.00	准入值	
			球墨铸铁管	m³/t	1.93	考核值	不包括炼铁
					1.24	准入值	
		炼钢	转炉钢	m³/t	1.10	考核值	
					0.80	准入值	
			电炉钢	m³/t	1.30	考核值	
					0.80	准入值	
		钢压延加工业	板材	m³/t	2.00	考核值	冷轧
					1.30	准入值	
					1.60	考核值	热轧
					1.00	准入值	
			线材	m³/t	1.30	考核值	
					0.80	准入值	
			型材	m³/t	2.00	考核值	
					1.20	准入值	

标准/省市	年份	行业类别	指标/产品分类		定额单位	定额值	备注	
河北	2009	钢压延加工业	管材		m³/t	2.20	考核值	无缝钢管
						1.40	准入值	
						1.80	考核值	焊接钢管
						1.10	准入值	
湖北	2003	炼铁	炼铁		m³/t	8.25		
			烧结矿		m³/t	0.44		
		炼钢	炼钢		m³/t	3.1		
		铁合金冶炼	带钢		m³/t	1.5		
			钢材		m³/t	5.4		
河南	2009	炼铁业	炼铁		m³/t	1.5	高炉炼铁	
		炼钢业	炼钢		m³/t	2.5		
		钢压延加工业	吨钢取水量	普通钢铁联合企业	m³/t	6	年产量：$< 1 \times 10^6 t/a$	
					m³/t	5.9	年产量：$1 \times 10^6 t/a \sim 2 \times 10^6 t/a$	
					m³/t	5.8	年产量：$2 \times 10^6 t/a \sim 4 \times 10^6 t/a$	
					m³/t	5.7	年产量：$\geqslant 4 \times 10^6 t/a$	
				特殊钢铁联合企业	m³/t	7.7	年产量：$< 3 \times 10^5 t/a$	
					m³/t	7	年产量：$3 \times 10^5 t/a \sim 5 \times 10^5 t/a$	
					m³/t	6.3	年产量：$\geqslant 5 \times 10^5 t/a$	

续表

标准/省市	年份	行业类别	指标/产品分类		定额单位	定额值	备注
黑龙江	2010	炼铁	生铁		m³/t	1.0	
		炼钢	吨钢取水量	普通钢厂	m³/t	≤12	年产量：≥400万t
						≤14	年产量：≥200万t
						≤16	年产量：≥100万t
						≤15	年产量：<100万t
				特殊钢厂		≤18	年产量：≥50万t
						≤20	年产量：≥300万t
						≤22	年产量：<300万t
		钢压延加工	焊接钢管		m³/t	3.3	
江苏	2010	炼铁	生铁		m³/t	3	
		炼钢	钢		m³/t	5	钢铁联合企业,含线材、带钢、扁钢、角钢、不锈钢材等
		钢压延加工业	钢材		m³/t	2～3	
			钢板		m³/t	2.5	冷轧薄板
			钢管		m³/t	5～10	不锈钢管、无缝钢管、轴承钢管、异性钢管等
山东	2010	其他未列明的金属制品制造	玛钢管件		m³/t	1.47	
			铸铁管		m³/t	3.5	
			无缝钢管		m³/t	2.1	
			冷轧板		m³/t	0.15	
			钢塑型材		m³/t	0.09	
		炼钢	普钢		m³/t	3.3	仅炼钢工艺,不包括发电及其他
上海	2010	钢铁	普通钢		m³/t	4.37	
			特殊钢（不锈钢）		m³/t	5.26	
			特殊钢（除不锈钢之外的特殊钢铁）		m³/t	9.80	

标准/省市	年份	行业类别	指标/产品分类	定额单位	定额值	备注
重庆	2007	炼钢业	炼钢(转炉钢)	m³/t	4	
			冷拔无缝钢管	m³/t	15	
		钢压延加工业	异形钢管	m³/t	28	
山西	2008	炼铁	生铁	m³/t	3.5	生产规模:大型 生产工艺:矿炼铁 生产原料:矿铁粉
			再生铁	m³/t	2.5	生产规模:小型 生产原料:废铁
		炼钢	钢锭	m³/t	5	生产工艺: 矿粉—钢
			特殊钢	m³/t	6	生产工艺:矿粉—特殊钢
		钢压延加工业	钢材	m³/t	1.2	生产规模:大型
			板材	m³/t	1.7	生产规模:大型
			线材	m³/t	0.5	生产规模:大型
浙江	2004	钢压延加工业	无缝钢管	m³/t	5.0~7.0	
			脱水桶	m³/t	548~685	
			邦迪管	m³/t	36~46	
			包装(光亮)钢带	m³/t	21~27	
			钢带	m³/t	4.0~6.0	
广东	2007	炼钢业				
		钢压延加工业			按 GB/T 18916.2—2002	
湖南	2008	炼铁业	生铁	m³/t	6	
		炼钢业	钢(钢铁联合企业)	m³/t	10	
		钢压延加工业	钢材(非钢铁联合企业)	m³/t	12	
			金属制品(非钢铁联合企业)	m³/t	30	

续表

标准/省市	年份	行业类别	指标/产品分类		定额单位	定额值	备注
吉林	2010	炼铁	生铁		m³/t	1.2	
		炼钢	吨钢取水量	普通钢厂	m³/t	≤12	GB/T 18916.2
						≤14	同上
						≤16	同上
						≤15	同上
				特殊钢厂		≤18	同上
						≤20	同上
						≤22	同上
		钢压延加工	钢板(板材)		m³/t	8.0	
			焊接钢管		m³/t	3.0	
			无缝钢管		m³/t	11.0	
江西	2011	炼铁	炼铁		m³/t	2.4	高炉炼铁
		炼钢	炼钢		m³/t	16	普通钢厂生产
					m³/t	22	特殊钢厂生产
		钢压延加工业	无缝钢管		m³/t	4	
			钢材		m³/t	3	
			钢板		m³/t	2.5	冷轧薄板
四川	2010	炼铁业	生铁		m³/t	4.5	
		炼钢业	钢		m³/t	3.5	
		钢压延加工业	轧钢		m³/t	6.5	
云南	2006	炼铁	生铁		m³/t	6	
		炼钢	炼钢		m³/t	6.5	
			板材		m³/t	8.5	
			热带		m³/t	3.5	
			冷带		m³/t	4.5	
			涂层板		m³/t	9.5	
			镀层板		m³/t	6	
			钢筋		m³/t	3.5	
			线材		m³/t	2.5	
			焊接钢管		m³/t	4	

续表

标准/省市	年份	行业类别	指标/产品分类	定额单位	定额值	备注
安徽	2007	炼钢	炼钢	m³/t	按 GB/T 18916.2 执行	
		钢压延加工	钢材	m³/t		
福建	2007	炼铁	生铁	m³/t	10～13	
			粗钢	m³/t	15～25	
		炼钢	线材	m³/t	5～25	
			板材	m³/t	7～16	
广西	2010	炼铁	氧化铁黑	m³/t	≤20.0	
			三氧化二铁	m³/t	≤20.0	
			铸铁件	m³/t	≤1.5	
		炼钢	钢	m³/t	≤6.0	钢铁联合企业
海南	2008	炼铁	炼铁	m³/t	11.6	
			磁石	m³/t	5.13	
		炼钢	炼钢	m³/t	26	
		钢压延加工	钢材	m³/t	9	
			不锈钢带钢	m³/t	4.00～8.00	
			钢压延加工（钢管、型钢）	m³/t	4.50～8.00	
			轧钢	m³/t	4.00～8.00	
		铁合金冶炼	钢铸造	m³/t	10	
贵州	2011	炼铁	生铁	m³/t	6	
		炼钢	炼钢（普通钢）	m³/t	8	
			炼钢（特殊钢）	m³/t	22	
		钢压延加工	罗纹钢	m³/t	3	
			钢锭	m³/t	10	
			钢材	m³/t	10	
			带钢	m³/t	1.7	
			扁钢	m³/t	6	
			线材	m³/t	2.5	
			钢管	m³/t	4	
			不锈钢管	m³/t	15	
			无缝钢管	m³/t	8	
			镀锌钢管	m³/t	12	
			轧钢	m³/t	7	

续表

标准/省市	年份	行业类别	指标/产品分类	定额单位	定额值	备注
陕西	2004	炼铁	生铁	m³/t	20.0	300万t/a以上×0.8
			烧结矿	m³/t	0.9	
		炼钢	钢	m³/t	15.0	100万t/a以上×0.9
		钢压延加工业	焊接钢管	m³/t	10.0	5万t/a以上×0.8
			镀管	m³/t	8.5	
			精密带材	m³/t	160.0	
			坯材	m³/t	6.5	
			线材	m³/t	16.0	
			无缝钢管	m³/t	110.0	
			螺纹钢	m³/t	5.0	
甘肃	2011	炼铁业	生铁	m³/t	8	
			烧结	m³/t	0.21	
		炼钢（钢铁联合企业）	普通钢	m³/t	≤12	钢产量≥400万t/a
					≤14	200万t/a≤钢产量<400万t/a
					≤16	100万t/a≤钢产量<200万t/a
					≤15	钢产量<100万t/a
			特殊钢	m³/t	≤18	钢产量≥50万t/a
					≤20	30万t/a≤钢产量<50万t/a
					≤22	钢产量<30万t/a

续表

标准/省市	年份	行业类别	指标/产品分类	定额单位	定额值	备注
青海	2009	炼铁	生铁	m³/t	2.4	原料为铁精粉
					3.0	原料为废铁
			电解锰	m³/t	3.0	
		炼钢（钢铁联合企业）	普通钢	m³/t	12.0	钢产量≥400万t/a
					14.0	200万t/a≤钢产量<400万t/a
					16.0	100万t/a≤钢产量<200万t/a
					15.0	钢产量<100万t/a
			特殊钢	m³/t	18.0	钢产量≥50万t/a
					20.0	30万t/a≤钢产量<50万t/a
					22.0	钢产量<30万t/a
		钢压延加工	线材、带钢、角钢、棒材（原料为废钢）	m³/t	1.2	
宁夏	2005	炼铁业	生铁	m³/t	6	
		炼钢业	电炉钢	m³/t	4	
		钢压延加工业	型材	m³/t	5	
		铁合金冶炼业	铁合金	m³/t	12	
新疆	2007	炼铁业	生铁	m³/t	3.28	
		炼钢业	炼钢联合	m³/t	12.40	
		钢压延加工业	钢窗型材	m³/t	0.50	
			塑钢窗芯	m³/t	0.82	
			钢纸	m³/t	12.60	
			钢制防火门	m³/t	0.04	

第三节　石油炼制

一、行业发展及用水情况

石油炼制行业是我国能源的主要产业之一,2013 年,我国原油加工企业有 182 家,原油加工量为 47858 万 t,同比增长 3.3%,比 2008 年增长了 46.45%,其中成品油(汽、煤、柴油合计)产量 29615.7 万 t,同比增长 4.4%,燃料油产量 2557.2 万 t,同比增长 8.3%(见图 4 – 2)。

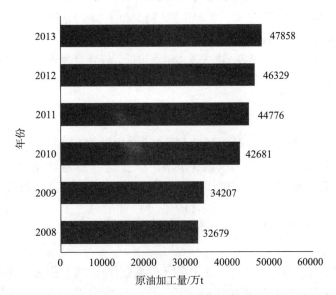

图 4 – 2　2008—2013 年原油加工量
数据来源:中国石油和化学工业联合会

我国原油加工量在千万 t/a 的炼油厂有 20 家,私营及地方炼油厂约 95 家,中石化、中石油已分别成为世界第三和第八大炼油公司,两大集团所辖炼油厂的数量虽然仅占全国的 27.2%,但原油一次加工能力已占全国的 76.8%,在国内市场居主导地位。

石油炼制行业是我国工业用水大户,其中冷却用水约占企业总用量的 60% ~ 80%,取水量的 20% ~ 30%。该行业用水系统主要是间接、开式循环冷却水系统,由原水预处理设备、冷却塔、循环冷却水泵站、换热设备、旁流处理设备、加药设备组成。石油炼制企业生产装置种类较多,如常减压装置、催化装置等,由于国内企业生产装置设计年代、布置、流程不尽相同,因此用水指标也有所差异。

二、取水定额国家标准应用

石油炼制行业是用水大户,为了指导该行业节约用水,2002 年 12 月 20 日 GB/T 18916.3—2002《取水定额　第 3 部分:石油炼制》正式发布。自该标准实施以来,石油炼制行业用水量每年都有大幅下降。以中国石化集团为例,2009 年加工吨原油取水量平均为 0.64t/t,工业水的重复利用率平均为 97.75%,用水效率提高很快。随着石油炼制业生产设备改善、工艺革新和管理水平的提高,石油炼制企业加工吨原油取水量逐年减少,为了鼓励和促进石油炼制业节水和工业技术进步,体现先进性,2009 年开始对该标准进行修订,并于 2012 年 6 月正式发布 GB/T 18916.3—2012《取水定额 第 3 部分:石油炼制》。

(一)相关内容释义

石油炼制是以石油为原料,加工生产燃料油、润滑油等产品的全过程。石油炼制不含石化有机原料、合成树脂、合成橡胶、合成纤维以及化肥等的生产。

标准中的定额指标为加工吨原(料)油取水量,是指在一定的计量时间内,石油炼制企业的生产过程中,从各种常规水资源中提取的水量与加工原(料)油量的比值。加工原(料)油量以一次加工或直接进入二次加工原(料)油的总加工量计算。

石油炼制的取水量供给范围包括主要生产、辅助生产(包括机修、运输、空压站等)和附属生产(包括绿化、浴室、食堂、厕所、保健站等),但不包括芳烃联合装置及企业内自备电站。

(二)主要修订内容

1. 分类

GB/T 18916.3—2002 中针对燃料型炼油厂和燃料 - 润滑油型炼油厂分别制定了取水定额值,GB/T 18916.3—2012 中则未对炼油厂类型进行分类,而是统一为一个定额值。这是因为根据调研数据,取水量与企业加工能力和原油性质无关,修订后的标准中,原(料)油加工量以所有进入(常)减压装置的原(料)油的总加工量计算,代表了行业普遍性,符合国家的节水政策要求。

2. 定额值

通过对中国石化集团 26 家企业的用水资料调查,原油加工能力在 500 万 t/a 以下的企业,2009 年的取水量主要分布在 $0.48m^3/t \sim 1m^3/t$ 之间,平均值为 $0.74m^3/t$,二次平均值为 $0.63m^3/t$;加工能力在 500 万 t/a 以上的企业,2009 年的取水量主要分布在 $0.31m^3/t \sim 0.74m^3/t$ 之间,平均值为 $0.52m^3/t$,二次平均值为 $0.53m^3/t$。

考虑到国家日益严峻的节水压力及国家石化产业政策的要求,应不鼓励新建规模在500 万 t/a 以下的企业,因此,修订后的石油炼制取水定额划分为 2 项指标:现有企业加工吨原(料)油取水量和新建企业加工吨原(料)油取水量。通过以上数据调研,结合我国石油炼制行业特点及专家意见,最终确定该两项定额指标值为 $\leq 0.75m^3/t$ 和 $\leq 0.6m^3/t$。

修订前后取水定额指标值对比见表 4 - 7。修订后现有企业加工吨原(料)油取水量 $\leq 0.75m^3/t$,比修订前至少降低了 55.88%;新建企业加工吨原(料)油取水量 $\leq 0.6m^3/t$,比修订前至少降低了 50%。

表 4 - 7　GB/T 18916.3—2002 与 GB/T 18916.3—2012 定额指标对比

分类	加工吨原(料)油取水量/(m^3/t)		
	GB/T 18916.3—2002		GB/T 18916.3—2012
现有企业(B 级)	≤1.7	燃料型炼油厂	≤0.75
	≤2.0	燃料 - 润滑油型炼油厂	

续表

分类	加工吨原(料)油取水量/(m³/t)		
	GB/T 18916.3—2002		GB/T 18916.3—2012
新建企业(A级)	≤1.2	燃料型炼油厂	≤0.6
	≤1.5	燃料－润滑油型炼油厂	

三、定额指标对比分析

目前,全国共有 27 个省市制定了石油炼制行业用水定额,国家标准中有 GB/T 18916.3—2012《取水定额　第 3 部分:石油炼制》。同时,清洁生产标准也对石油炼制行业中的不同产品等进行了不同的定额指标规定。具体指标见表 4-8。

表 4-8　国家标准、行业标准及各地用水定额标准汇总

标准/省市	年份	行业类别	指标/产品	定额单位	定额值	备注	
GB/T 18916.3—2012《取水定额　第 3 部分:石油炼制》	2013	石油炼制	加工吨原(料)油取水量	m³/t	≤0.75	现有企业	
					≤0.60	新建企业	
HJ/T 125—2003《清洁生产标准　石油炼制业》	2003	石油炼制	取水量	t/t	≤1.0	一级	石油炼制业清洁生产标准
					≤1.5	二级	
					≤2.0	三级	
			净化水回用率	%	≥65	一级	
					≥60	二级	
					≥50	三级	
			新鲜水用量	t/t	≤0.05	一级	常加压装置清洁生产标准
					≤0.1	二级	
					≤0.15	三级	
			新鲜用水量	t/t	≤0.12	一级	焦化装置清洁生产标准
					≤0.2	二级	
					≤0.3	三级	
HJ 443—2008《清洁生产标准　石油炼制业(沥青)》	2008	沥青	单位用水量	t/t	0.05	一级	氧化沥青装置清洁生产指标要求
					0.70	二级	
					0.100	三级	
			单位用水量	t/t	≤0.05	一级	溶剂脱沥青装置
					≤0.07	二级	
					≤0.1	三级	

续表

标准/省市	年份	行业类别	指标/产品		定额单位	定额值	备注
天津	2003	炼焦煤气及石化工业	焦油		m³/t	2.72~3.18	
			焦炭		m³/t	2.81~3.27	
			煤焦油加工		m³/t	6.90~8.00	
			原油		m³/t	3.28~3.82	
			石油产品	常减压蒸馏装置	m³/t	≤0.06	250万 t/a
				碱洗精制装置	m³/t	≤0.008	
				催化裂化装置	m³/t	≤0.060	120万 t/a
				双脱装置	m³/t	≤0.100	30万 t/a
				催化重整装置	m³/t	≤0.300	10万 t/a
				柴油加氢装置	m³/t	≤0.060	40万 t/a
内蒙古	2009	天然原油和天然气开采	原油		m³/t	1.1	
			天然气			0.2	
		原油加工业及石油制品制造	汽油、柴油		m³/t	0.8	原油
						10.5	煤制油
			石蜡		m³/t	0.5	
			液化气		m³/t	0.8	
			沥青		m³/t	0.1	
辽宁	2003	天然原油和天然气开采	天然原油开采		m³/t	3	生产工艺:蒸汽驱动;年生产能力:≥100万吨
			天然气开采		m³/t	2	
			油页岩开采		m³/t	7.2	
		原油加工及石油制品制造	原油加工		m³/t	1.2	燃料型炼油厂综合定额,1998年1月1日起新、改、扩建的企业或生产线
						1.7	燃料型炼油厂综合定额,1998年1月1日前建成的企业或生产线
						1.5	燃料-润滑油型炼油厂综合定额,1998年1月1日起新、改、扩建的企业或生产线

标准/省市	年份	行业类别	指标/产品	定额单位	定额值	备注
辽宁	2003	原油加工及石油制品制造	原油加工	m^3/t	2.0	燃料－润滑油型炼油厂综合定额,1998年1月1日前建成的企业或生产线
			沥青	m^3/t	0.19	
			汽油	m^3/t	0.93	
			柴油	m^3/t	0.83	
			润滑油	m^3/t	4.5	
			石蜡	m^3/t	0.52	
河北	2009	天然原油和天然气开采	原油	m^3/t	0.90	考核值
					0.80	准入值
			天然气	$m^3/万\ m^3$	32.00	考核值
					28.00	准入值
		精炼石油产品的制造	原油加工	m^3/t	1.00	考核值 燃料型
					0.70	准入值
					1.50	考核值 燃料－润滑油型
					1.10	准入值
			沥青	m^3/t	0.40	考核值
					0.30	准入值
			石蜡	m^3/t	0.50	考核值
					0.40	准入值
			液化石油气	m^3/t	3.00	考核值
					2.30	准入值
湖北	2003	原油加工		m^3/t	2.4	
河南	2009	天然原油和天然气开采业	原油	m^3/t	3.1	
			天然气	m^3/t	0.2	
		石油加工业	原油加工	m^3/t	0.84	燃料型炼油厂
					1.05	燃料－润滑油型炼油厂
			乙烯、聚乙烯	m^3/t	16	
			聚丙烯	m^3/t	3.2	
			石油支撑剂	m^3/t	5	
			汽油、柴油、液化气	m^3/t	0.6	

续表

标准/省市	年份	行业类别	指标/产品	定额单位	定额值	备注
黑龙江	2010	天然原油和天然气开采	原油开采	m³/t	2.8	油田注入化学聚合物和水
			天然气开采	m³/t	2.6	
		精炼石油产品的制造	原油加工（燃料－润滑油型炼油厂）	m³/t	≤1.5	执行 A 级标准
					≤2.0	执行 B 级标准
			原油加工（燃料型炼油厂）	m³/t	≤1.2	A 级：1998 年 1 月 1 日起新建并投产的企业执行 A 级标准
					≤1.7	B 级：1997 年 12 月 31 日前建成投产的企业执行 B 级标准
江苏	2010	天然原油和天然气开采	原油	m³/t	4.4	
		原油加工及石油制品制造	原油加工	m³/t	1.7	1997 年 12 月 31 日前投产　燃料型炼油厂
					1.2	1998 年 1 月 1 日后投产
					2	1997 年 12 月 31 日前投产　燃料－润滑油型炼油厂
					1.5	1998 年 1 月 1 日后投产
			轻蜡	m³/t	0.4	
山东	2010	原油加工及石油制品制造	加工吨原油	m³/t	0.92	燃料型炼油厂
				m³/t	1.5	燃料型滑油型炼油厂
上海	2010	石油炼制		m³/t	0.761	
安徽	2007	精炼石油产品的制造	燃料油	m³/t		按 GB/T 18916.3 执行
广东	2007	精炼石油产品的制造		m³/t		按 GB/T 18916.3 执行
湖南	2008	原油加工业	原油加工	m³/t	1.2	燃料型炼油厂
				m³/t	1.5	润滑油型炼油厂

续表

标准/省市	年份	行业类别	指标/产品	定额单位	定额值	备注
吉林	2010	天然原油开采	原油	m^3/t	3.0	油田注水
		天然气开采	天然气	m^3/t	4.0	
		精炼石油产品的制造	原油加工	m^3/t	≤1.2	GB/T 18916.3
					≤1.7	
					≤1.5	
					≤2.0	
江西	2011	原油加工业及石油制品制造	原油加工	m^3/t	1.7	燃料型炼油厂
				m^3/t	2.0	燃料 – 润滑油型炼油厂
四川	2010	天然原油和天然气开采业	原油开采	m^3/t	5.0	
			天然气开采	$m^3/万 m^3$	30.0	
		精炼石油产品的制造	炼油	m^3/t	1.2	1998 年 1 月 1 日起新建并投产的燃料型炼油厂
				m^3/t	1.7	1997 年 12 月 31 日前建成投产的燃料型炼油厂
				m^3/t	1.5	1998 年 1 月 1 日起新建并投产的燃料 – 润滑油型炼油厂
				m^3/t	2	1997 年 12 月 31 日前建成投产的燃料 – 润滑油型炼油厂
浙江	2004	原油加工及石油制品制造	原油加工	m^3/t	1.7 ~ 2.1	
福建	2007	原油加工及石油制品制造	汽油	m^3/t	1.7 ~ 2.5	
广西	2010	原油加工及石油制品制造	原油加工	m^3/t	≤1.2	燃料型
					≤1.5	燃料 – 润滑油型
海南	2008	天然原油和天然气开采	原油	m^3/t	6	
			天然气	m^3/t	2	

续表

标准/省市	年份	行业类别	指标/产品	定额单位	定额值	备注	
海南	2008	原油加工及石油制品制造	原油加工	m³/t	2		
			天然气	m³/t	15		
重庆	2007	原油加工业	润滑油脂	m³/t	15		
贵州	2011	天然原油和天然气开采	天然气	m³/t	5		
陕西	2004	天然原油和天然气开采	原油	m³/t	4.0	油井注水	
		原油加工及石油制品	原油加工	m³/t	2.2	燃料型炼油厂	
甘肃	2011	原油和天然气开采	原油	m³/t	3.69		
			天然气	m³/t	0.2		
		原油加工及石油制品制造业	石油炼制	m³/t	≤1.2	A级	燃料型炼油厂
				m³/t	≤1.7	B级	
				m³/t	≤1.5	A级	燃料-润滑油型炼油厂
				m³/t	≤2.0	B级	
青海	2009	天然原油和天然气开采	原油	m³/t	2.0	生产用水重复利用率指脱油废水经处理后的重复利用率	
			天然气	m³/t	0.10		
		原油加工及石油制品制造	石油炼制	m³/t	1.2	A级	1. 1998年1月1日起新建并投产的企业执行A级指标；2. 1997年12月31日前建成投产的企业执行B级指标；3. 本定额未包括工艺过程采用直流冷却水的加工吨原油取水量指标
				m³/t	1.7	B级	
				m³/t	1.5	A级	
				m³/t	2.0	B级	

标准/省市	年份	行业类别	指标/产品	定额单位	定额值	备注
宁夏	2005	原油加工业	汽油、柴油或成品油	m³/t	1.2	
			原油加工	m³/t	1.0	燃料型炼油厂
新疆	2007	天然原油开采业	原油开采	m³/t	1.05	
			重油开采	m³/t	3.81	
		原油加工业	成品油	m³/t	0.75	

通过对比,国家标准、行业标准和地方标准存在以下差异。

1. 分类尺度不同

国家标准只针对原油加工制定取水定额,未对石油炼制行业的其他产品制定定额,也未对生产装置或工序等进行分类。指标分为现有企业和新建企业两级。

行业标准中针对石油炼制行业及沥青分别制定了清洁生产标准,其中还分别针对常加压装置、焦化装置、氧化沥青装置和溶剂脱沥青装置制定了定额值。指标分为三级。

地方标准中分类尺度种类多、差异大,主要有原油开采、原油加工、石油制品制造三大行业,主要分类有:

(1)针对原油加工制定取水定额值(如湖北、浙江);

(2)针对石油开采制定定额值(如辽宁);

(3)针对汽油柴油等成品油制定定额(如内蒙古)。

地方标准中将定额指标按企业建成投产时间分为了二级,其余均只有一级指标。

2. 定额值不同

国家标准中现有企业加工吨原(料)油取水量为≤0.75m³/t,行业标准中石油炼制业取水量三级指标为≤2.0m³/t,地方标准中原油加工取水量最低的为0.761m³/t,最大的为3.82m³/t,均低于国家标准的要求。

第四节　纺织染整产品

一、行业发展及用水情况

我国纺织工业多以中小型企业为主。2013年,规模以上纺织企业约为3.9万家,工业总产值6.38万亿元,同比增长10.45%,比2008年增长83.48%,我国生产的纱、布、化学纤维和服装等主要产品的产量均位居世界第一位。2013年,我国各类纤维加工总量为4850万t,同比增长6.83%,比2008年增长38.18%(见图4-3)。

纺织染整行业作为我国的经济支柱行业之一,也是水资源消耗量大、污染物排放量较大的行业之一。2012年,我国纺织工业产品取水量为35.4亿m³,占全国工业取水量的7.5%。其中纺纱、织造产品取水量约为8.0亿m³,重复利用率在90%以上(纺纱、织造生产过程中多为空调水和冷却水);印染产品取水量约为21亿m³,重复利用率约为

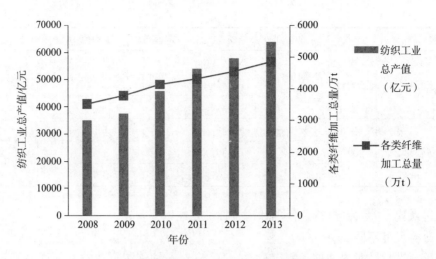

图 4 - 3　2008—2013 年纺织工业发展情况
数据来源:中国纺织工业联合会

20%;化学纤维、服装、产业用纺织品及其他纺织品取水量约为 6.4 亿 m³,其重复利用率约为 85% 左右(见表 4 - 9)。

表 4 - 9　2008—2012 年纺织工业用水情况

年份	纺织工业取水量/亿 m³	纺织工业用水量/亿 m³	万元工业增加值取水量/(m³/万元)
2008	34.59	92.7	264.3
2009	34.82	92.4	232.3
2010	36.22	94.6	213.1
2011	38.8	78.9	210.5
2012	35.4	60.6	206.2

数据来源:中国纺织工业联合会。

　　伴随工业节水工作的深入开展,我国绝大多数纺织企业依靠技术进步、科技创新,使纺织行业的耗水量大幅度降低,节水工作取得较快进展。其中用水量最大的印染行业百米印染布新鲜水用水量由 4t 下降到 2.5t,累计减少 37.5%,印染布生产用水回用率由 7% 提高到 15%,提高 8 个百分点。高效短流程前处理和连续染色设备、新型间歇式染色机、冷轧堆染色、生物酶退浆等先进装备及工艺技术的推广应用,可实现节水 20% 以上。近十几年来,尤其是最近几年,我国纺织工业步入高速发展时期,纺织染整工艺及技术不断更新。纺织染整产品的取水量不仅与染料助剂的品种、生产工艺、生产设备有关,还与产品的质地和布幅等有关。此外,一些大中型纺织染整企业为了满足市场需求,不断进行技术改造,甚至引进国外先进技术和装备,从而大大提高了我国纺织工业技术装备整体水平。我国原有纺织染整取水定额仅仅针对棉印染产品,具有局限性,且一些指标对一些新建或改建企业的取水管理和控制过于宽松,不能有效促进纺织染整行业的整体节水水平,因此,该行业存在较大节水空间。

二、取水定额国家标准应用

纺织染整行业是用水大户,为指导该行业节约用水,2002 年 12 月 20 日 GB/T 18916.4—2002《取水定额　第 4 部分:棉印染产品》正式发布。自该标准实施以来,纺织染整行业用水量每年都有大幅下降。随着纺织染整行业生产设备改善、工艺革新和管理水平的提高,纺织染整企业单位产品取水量逐年减少,为了鼓励和促进纺织染整行业节水和工业技术进步,体现先进性,2009 年开始对该标准进行修订,并于 2012 年 6 月正式发布 GB/T 18916.4—2012《取水定额　第 4 部分:纺织染整产品》。

（一）相关内容释义

纺织染整产品是指棉、毛、丝、麻、化纤及混纺纤维织物经过退浆、煮练、漂白前处理工艺,印花、染色的印染工艺及后整理加工工艺,化纤碱减量工艺等(不包括缫丝、麻脱胶、洗毛、化纤抽丝等生产工艺)生产出的各类纺织品。染整加工分连续式和间歇式两种。一般情况下,机织物产品适合连续式染整加工工艺,针织物产品适合间歇式染整加工工艺。

（二）主要修订内容

1. 产品范围和分类

GB/T 18916.4—2002 适用于棉印染产品生产过程中取水量的管理,主要包括纯棉、棉混纺和化学纤维产品。而修订后的标准适用于纺织染整企业取水量的管理,主要包括棉、毛、丝、麻、化纤及混纺纤维织物等产品。

考虑到纺织染整产品的取水量与染料助剂的品种、生产工艺、生产设备、产品质地和布幅等有关,在修订过程中将不同质地产品分为棉、麻、化纤及混纺机织物,棉、麻、化纤及混纺针织物,纱线、真丝绸机织物以及精梳毛织物等四大类。

我国目前存在的数千家纺织染整企业在建厂时间、生产规模、生产水平和设备数量等方面均存在较大差异。因此,定额指标的确定和划分综合考虑现有企业和新建、扩建、改建企业在生产工艺技术、设备和管理等方面的差异,按照建厂时间分别制定现有纺织染整企业单位产品取水量定额指标和新建纺织染整企业单位产品取水量定额指标。

为统一计算不同质地纺织染整产品,使取水量核算更加科学合理,按照现有纺织染整行业的统计计算惯例,棉、麻、化纤及混纺针织物及纱线产品取水量单位为 m^3/t,其他产品则以 $m^3/100m$ 为单位。

2. 定额值

标准修订过程中对行业内典型企业进行了用水情况的调研,通过数据分析,棉、麻、化纤及混纺机织物的单位产品取水量平均值为 $2.45m^3/100m$,棉、麻、化纤及混纺针织物及纱线的单位产品取水量平均值为 $109m^3/t$,真丝绸机织物(不含练白)的单位产品取水量最大为 $7.1m^3/100m$,最小为 $4.5m^3/100m$,精梳毛织物的单位产品取水量平均值为 $19m^3/100m$。调研的这些典型企业在产品档次、管理水平、取水定额等方面都代表行业内较为先进的水平。

结合行业实际情况和专家意见,最终确定了修订后的各产品取水定额值,修订前后取水定额值对比见表 4 – 10。修订后现有企业棉、麻、化纤及混纺机织物单位产品取水量为 3.0m³/100m,比修订前至少降低了 14.29%。修订后现有企业棉、麻、化纤及混纺针织物及纱线单位产品取水量为 150.0m³/t,比修订前至少降低了 11.76%。

表 4-10　GB/T 18916.4—2002 与 GB/T 18916.4—2012 定额指标对比

GB/T 18916.4—2002				GB/T 18916.4—2012		
产品名称		单位产品取水量		产品名称	单位产品取水量	
棉机织印染产品	棉及棉混纺产品	≤4.0m³/100m	B 级	棉、麻、化纤及混纺机织物	3.0m³/100m	现有企业
		≤3.0m³/100m	A 级		2.0m³/100m	新建企业
	化纤(涤纶)产品	≤3.5m³/100m	B 级	棉、麻、化纤及混纺针织物及纱线	150.0m³/t	现有企业
		≤2.5m³/100m	A 级		100.0m³/t	新建企业
棉针织印染产品	棉及棉混纺产品	≤200m³/t	B 级	真丝绸机织物	4.5m³/100m	现有企业
		≤150m³/t	A 级		3.0m³/100m	新建企业
	化纤产品	≤170m³/t	B 级	精梳毛织物	22.0m³/100m	现有企业
		≤130m³/t	A 级		18.0m³/100m	新建企业

三、定额指标对比分析

目前,全国共有 29 个省市制定了纺织染整产品用水定额,国家标准中则有 GB/T 18916.4—2012《取水定额　第 4 部分:纺织染整产品》。行业标准中有 HJ/T 185—2006《清洁生产标准　纺织业(棉印染)》、HJ/T 359—2007《清洁生产标准　化纤行业(氨纶)》和 HJ/T 429—2008《清洁生产标准　化纤行业(涤纶)》。具体指标见表 4-11。

表 4-11　国家标准、行业标准及各地用水定额标准汇总

标准/省市	年份	行业/产品类别	定额单位	定额值	备注	
GB/T 18916.4—2012《取水定额　第 4 部分:纺织染整产品》	2012	棉、麻、化纤及混纺机织物	m³/100m	3.0	现有企业	
		棉、麻、化纤及混纺针织物及纱线	m³/t	150.0		
		真丝绸机织物	m³/100m	4.5		
		精梳毛织物	m³/100m	22.0		
		棉、麻、化纤及混纺机织物	m³/100m	2.0	新建企业	
		棉、麻、化纤及混纺针织物及纱线	m³/t	100.0		
		真丝绸机织物	m³/100m	3.0		
		精梳毛织物	m³/100m	18.0		
HJ/T 185—2006《清洁生产标准　纺织业(棉印染)》	2006	机织印染产品	t/100m	≤2.0	一级	取水量
				≤3.0	二级	
				≤3.8	三级	
		针织印染产品	t/t	≤100	一级	
				≤150	二级	
				≤200	三级	

标准/省市	年份	行业/产品类别		定额单位	定额值	备注	
HJ/T 185—2006《清洁生产标准纺织业（棉印染）》	2006	机织印染产品		t/100m	≤1.6	一级	废水生产量
					≤2.4	二级	
					≤3.0	三级	
		针织印染产品		t/t	≤80	一级	
					≤120	二级	
					≤160	三级	
HJ/T 359—2007《清洁生产标准化纤行业（氨纶）》	2007	氨纶		t/t	≤40	一级	耗新鲜水量
					≤60	二级	
					≤110	三级	
					≤15	一级	废水产生量
					≤35	二级	
					≤70	三级	
				%	≥85	一级	工艺用水回用率
					≥80	二级	
					≥75	三级	
HJ/T 429—2008《清洁生产标准化纤行业（涤纶）》	2008	聚酯		t/t	≤0.90	一级	新水量单耗
					≤1.50	二级	
					≤1.70	三级	
		涤纶			≤4.0	一级	
					≤7.0	二级	
					≤12.0	三级	
		聚酯			≤0.30	一级	废水产生量
					≤0.70	二级	
					≤0.90	三级	
		涤纶			≤1.2	一级	
					≤1.4	二级	
					≤1.6	三级	
天津	2003	纺织工业	涤纶长丝	m³/t	120～135		
			棉布	m³/100m	0.35～0.44		
			棉纱	m³/t	25.0～32.7		
			丝绸印染	m³/100m	3.42～4.00		
			梭织印染床单	m³/100m	18～22		
			针织纯棉内衣	m³/100m	140～156		
			精纺毛织品	m³/100m	78.5～118.9		
			羊绒衫	m³/万件	604.93～640.52		
			羊绒制品	m³/t	266.0		

标准/省市	年份	行业/产品类别		定额单位	定额值	备注
内蒙古	2009	棉、化纤纺织及印染加工	棉纱	m³/t	12	
			棉线	m³/t	3	
			棉布	m³/100m	1.9	
			机织印染	m³/100m	3.8	
			针织印染	m³/t	200	
		麻纺织	亚麻纱	m³/t	14	
			亚麻布	m³/km	1	
			麻棉布	m³/km	1.6	
		其他纺织制成品制造	涤纶布	m³/km	20	
			脱脂纱布	m³/km	4	
			脱脂棉	m³/t	74	
		棉、化纤针织品及编织品制造	棉袜	m³/千双	0.6	
			尼龙袜	m³/千双	0.5	
			针织内衣	m³/千件	8.8	
			针织布	m³/t	120	
			毛巾	m³/千条	4.8	
		毛针织品及编织品制造	羊绒衫	m³/百件	3.8	
辽宁	2008	棉、化纤纺织加工	棉布	m³/100m	1.0	幅宽1.06m,布重 11kg/100m。当幅宽或布重不同时,按相应系数进行换算
			化纤布	m³/100m	5.7	
			色织布	m³/100m	2.5	
			针织布	m³/t	110	
			涤纶布	m³/t	600	
			腈纶布	m³/t	300	
			棉纱	m³/t	20	
			化纤纱	m³/t	19	
			涤纶纱	m³/t	30	
		棉、化纤印染精加工	印花布	m³/100m	2.3	幅宽1.06m,布重 11kg/100m。当幅宽或布重不同时,按相应系数进行换算
			印染布	m³/100m	1.2	
			化染布	m³/100m	1.2	

标准/省市	年份	行业/产品类别		定额单位	定额值	备注	
辽宁	2008	棉、化纤印染精加工	其他棉及棉混纺产品	棉机织印染产品综合定额	m³/100m	3	1998 年 7 月 1 日起建成的新扩改企业或生产线	幅宽 1.06m，布重 11kg/100m。当幅宽或布重不同时，按相应系数进行换算
						4	1998 年 7 月 1 日前建成投产的企业或生产线	
				棉针织印染产品综合定额	m³/t	150	1998 年 7 月 1 日起建成的新扩改企业或生产线	
						200	1998 年 7 月 1 日前建成投产的企业或生产线	
			化纤产品	棉机织印染产品（涤纶）综合定额	m³/100m	2.5	1998 年 7 月 1 日起建成的新扩改企业或生产线	幅宽 1.06m，布重 11kg/100m。当幅宽或布重不同时，按相应系数进行换算
						3.5	1998 年 7 月 1 日前建成投产的企业或生产线	
				棉针织印染产品综合定额	m³/t	130	1998 年 7 月 1 日起建成的新扩改企业或生产线	
						170	1998 年 7 月 1 日前建成投产的企业或生产线	
		麻纺织	麻织	m³/t	610		
			帆布	m³/万 m	120		
			亚麻布	m³/100m²	20		
			亚麻纱	m³/t	100		
			麻棉布	m³/万 m	3		
		绢纺和丝织加工	丝织品	m³/100m	0.9		
			印染丝织品	m³/100m	1.1		

续表

标准/省市	年份	行业/产品类别		定额单位	定额值	备注	
辽宁	2008	棉及化纤制品制造	棉毯	m³/万条	700~900		
			毛巾	m³/千条	35		
			袜子	m³/千双	15~20		
		无纺布制造	无纺布	m³/t	24		
		棉、化纤针织品及编织品制造	针织品	m³/t	200~300		
河北	2009	棉、化纤纺织及印染精加工	棉纱	m³/t	35.00	考核值	生产工艺为棉纺纱
					23.00	准入值	
			棉布	m³/100m	0.45	考核值	生产工艺为纱织布通扯产量
					0.35	准入值	
			印染布	m³/100m	3.50	考核值	棉及棉混纺，折标
					2.80	准入值	
					3.20	考核值	化纤（涤纶），折标
					2.50	准入值	
			人造丝	m³/t	218.00	考核值	
					175.00	准入值	
			涤丝	m³/t	122.00	考核值	
					93.00	准入值	
		纺织制成品制造	无纺布	m³/t	24.00	考核值	
					18.00	准入值	
			巾被折床单	m³/百条	40.00	考核值	
					30.40	准入值	
			印染床单	m³/100m	18.00	考核值	
					14.00	准入值	
		针织品业、编织品及其制品制造	毛巾	m³/t	32.00		
					25.00		
			袜子	m³/万双	100.00		
					80.00		
			针织布	m³/t	77.40		
					61.90		
			针织印染布	m³/t	91.00		
					73.00		
			羊绒衫	m³/千件	80.00		
					60.00		
			羊毛衫	m³/万件	350.00		
					266.00		

续表

标准/省市	年份	行业/产品类别		定额单位	定额值	备注
湖北	2003		棉布	m³/100m	4.5	
			棉纱	m³/t	95	
			印染布	m³/100m	10	
河南	2009	棉、化纤纺织及印染业	棉纱	m³/t	40	
			棉布	m³/100m	0.3	
			色织布	/100m	1.6	
			棉印染	m³/100m	3	
		麻纺织业	亚麻布	m³/100m	25	
			苎麻布	m³/100m	20	
			亚麻纱	m³/t	500	
			苎麻纱	m³/t	300	
			精干麻	m³/t	800	
			黄麻纺织	m³/万条	25	
		纺织制成品制造业	浸胶帘子布	m³/t	42	
			床单	m³/100条	29	
			巾被	m³/t	60	
			蚕丝棉被	m³/t	16	
			工业羊毛毡	m³/t	0.03	
			地毯	m³/万 m²	1	
			假发头套	m³/万顶	6.8	
			工艺发帘	m³/千条	13	
			发条	m³/万条	0.01	
		针织业	针编织	m³/t	38	经编、纬编、羊毛衫
			针织染整	m³/t	120	

续表

标准/省市	年份	行业/产品类别		定额单位	定额值	备注
黑龙江	2010	棉化纤纺织及印染精加工业	棉纱	m³/t	88	
			麻棉布	m³/万 m	240	
			棉织布	m³/km	18	
			棉及棉混纺机织印染	m³/100m	≤3.0	A级,1998年7月1日起建成的新扩改企业或生产线
					≤4.0	B级:1998年7月1日前建成投产的企业或生产线
			化纤(涤纶)机织印染	m³/100m	≤2.5	A级
					≤3.5	B级
			棉及棉混纺针织印染	m³/t	≤150	A级
					≤200	B级
			化纤针织印染	m³/t	≤130	A级
					≤170	B级
		麻纺织	亚麻纱	m³/t	80	
			亚麻布	m³/100m²	16	
		针织品、编织品及其制品制造	尼龙袜	m³/万双	304	
			针织布	m³/t	81	
			涤纶布		480	
			粘胶纤维	m³/km	144	
			印染布	m³/万 m	264	
			缝纫线		0.02	
			丝织布	m³/100m	1.0	
			经编布		34	
			天鹅绒	m³/t	128	
			脱脂纱布	m³/万 m	32	
			脱脂棉	m³/t	61	
			起绒布		112	

标准/省市	年份	行业/产品类别		定额单位	定额值	备注
江苏	2010	棉化纤纺织及印染精加工	棉、化纤纺织加工 / 棉布	m³/万 m	100	
			腈纶纱	m³/t	25	
			涤纶布	m³/件纱	200	
			漂白布	m³/万 m	120	
		棉、化纤印染精加工 / 色织布		m³/万 m	175	
			印花布	m³/万 m	30	非自产坯布
			印染帆布	m³/万 m	90	
			脱脂纱布	m³/万 m	40	
		麻纺织	亚麻布	m³/万 m	530	
			亚麻纱	m³/t	50	
			麻棉布	m³/万 m	270	
		纺织制成品制造	棉及化纤制品制造 / 毛巾	m³/t	95	
			毛毯	m³/万条	940	
			针织布	m³/t	80	
		棉、化纤针织品及编织品制造 / 针织服装		m³/万件	550	
			针织内衣	m³/件纱	140	
			棉内衣	m³/件纱	35	
			化纤内衣	m³/件纱	30	
山东	2010	棉、化纤纺织加工	棉纱	m³/t	15	
			棉布	m³/万 m	34	
			帆布	m³/万 m	8	
			牛仔布	m³/万 m	141	
		棉、化纤印染精加工	印染布	m³/万 m	200	
		棉及化纤制品制造	毛巾	m³/t	56	
			毛巾被	m³/t	79	
上海	2010	棉印染	机织印染产品（标准品）	m³/100m	2.433	
			针织印染产品	m³/t	141.60	
重庆	2001	棉纺织业	棉纱	m³/t	36	
			棉布	m³/万 m	140	

标准/省市	年份	行业/产品类别		定额单位	定额值	备注
山西	2008	棉、化纤纺织及印染精加工	棉及棉混纺产品	m³/100m	3	生产工艺:机织生产规模:中型
				m³/t	150	生产工艺:针织生产规模:中型
			化纤(涤纶)产品	m³/100m	2.5	生产工艺:机织生产规模:中型
				m³/t	130	生产工艺:针织生产规模:中型
		麻纺织	亚麻纱	m³/t	14	生产工艺:冲洗(制条车间复洗)生产规模:中型
			亚麻布	m³/万 m	10	生产工艺:冲洗(毛条到成品)生产规模:中型
			麻棉布	m³/万 m	16	
		针织品、编织品及其制品制造	针织品	m³/100m	1.6	生产原料:棉纱生产工艺:机织生产规模:中型
			毛巾	m³/千条	5	生产规模:小型
			袜子	m³/万双	6	生产规模:小型
			巾被折床单	m³/百条	8	生产规模:小型
			浸胶帘子布	m³/t	10	生产规模:小型
			涤纶布	m³/t	9	生产规模:小型
			粘胶纤维	m³/t	10	生产规模:小型
浙江	2004	棉、化纤纺织加工	纱	m³/t	98~122	
			棉布	m³/万 m	32~45	
			化纤(涤纶)布	m³/万 m	224~280	
			色织提花布	m³/万 m	366~458	
		棉、化纤印染精加工	棉及棉混纺印染布	m³/万 m	297~416	
			化纤(涤纶)印染布	m³/万 m	149~186	
			棉及棉混纺针织印染布	m³/t	176~220	
			化纤针织印染布	m³/t	91~123	
			灯芯绒	m³/万 m	421~602	
			散纤维染色	m³/t	91~123	
			纱线染色	m³/t	390~487	

续表

标准/省市	年份	行业/产品类别		定额单位	定额值	备注
浙江	2004	棉及化纤制品制造	毛巾	m³/万 m	264 ~ 290	
			阔幅床单	m³/万条	3060 ~ 3825	
			棉毯	m³/万条	765 ~ 956	
		麻制品制造	亚麻纱	m³/t	78 ~ 116	
			黄麻纱线	m³/t	3.7 ~ 4.6	
		绳、索、缆的制造	纱绳	m³/万 m	4.8 ~ 6.1	
		纺织带和帘子布制造	浸胶帘子布	m³/t	17 ~ 23	
		无纺布制造	粘合衬	m³/万 m	397 ~ 497	
			水刺无纺布	m³/t	30 ~ 40	
		其他纺织制成品制造	医用纱布	m³/万 m	38 ~ 47	
			医用腹部垫	m³/万 m	42 ~ 53	
		棉化纤针织品及编织品	针织坯布	m³/t	232 ~ 290	
		毛针织品及编织品制造	针织手套、帽、巾	m³/万件	113 ~ 142	
			针织羊毛衫	m³/万件	549 ~ 687	
广东	2007	棉、化纤纺织及印染精加工业	棉及棉混纺产品、化纤（涤纶)产品等			按 GB/T 18916.4
		麻纺织业	麻纺	m³/t	700.0 ~ 800.0	以苎麻为原料生产
		针织品、编织品及其他制品制造业	毛衣	m³/万件	250 ~ 350	
			针织品	m³/t	200 ~ 300	
			服装洗水	m³/打	1.05 ~ 2.10	
			尼龙丝袜、尼龙丝	m³/万打	65 ~ 95	
广西	2010	棉、化纤纺织及印染精加工	机织棉及棉混纺产品	m³/100m	≤3	A 级标准
					≤4	B 级标准
			机织化纤（涤纶)产品	m³/100m	≤2.5	A 级标准
					≤3.5	B 级标准
		针织品、编织品及其制品制造	针织棉及棉混纺产品	m³/t	≤150.0	A 级标准
					≤200.0	B 级标准
			针织化纤产品	m³/t	≤130.0	A 级标准
					≤170.0	B 级标准
			针织成衣	m³/万套	≤100.0	
			针织袜	m³/t	≤80.0	
			毛巾	m³/t	≤220.0	

续表

标准/省市	年份	行业/产品类别		定额单位	定额值	备注
海南	2008	棉、化纤纺织加工	短纤维(涤纶)	m³/t	22	
			长丝(涤纶)	m³/t	31	
			长丝(锦纶)	m³/t	12	
			棉布	m³/万 m	75	由棉纱纺成
			棉布	m³/万 m	200	由棉花纺成
			棉纱	m³/t	40	
		棉、化纤印染精加工	棉布印染	m³/万 m	350	
			印染布	m³/万 m	250	
			化纤印染布	m³/万 m	250~350	
			绒线	m³/t	70	
		麻纺织	麻纺	m³/t	700	
		棉及化纤制品制造	化纤棉	m³/万码	3.39	
			毛巾	m³/万条	425	
		无纺布制造	粘胶纤维	m³/t	160	
		棉、化纤针织品及编织品制造	针织布	m³/t	146	
			色织布	m³/万 m	360	
			床单(巾被)	m³/百条	80	
			牛仔布	m³/万 m	250	
			袜子	m³/万双	350	
			帆布	m³/万 m	250	
			床上用品	m³/万套	750~860	
重庆	2007	棉纺织业	棉纱	m³/t	36	
			棉布	m³/万 m	140	
			棉机织印染(棉及棉混纺)	m³/100m	3	
			棉机织印染(棉及棉混纺)	m³/t	120	
		麻纺织业	苎麻纱	m³/t	1700	
			苎麻布	m³/100m²	1800	
		针织品业	针织衫、服装	m³/万件	780	
		其他纺织业	涤纶布	m³/t	110	
			涤纶纱	m³/t	31	

标准/省市	年份	行业/产品类别		定额单位	定额值	备注
安徽	2007	棉、化纤纺织 及印染精加工	棉及棉混纺品			按 GB/T 18916.4
			化纤			
福建	2007	棉、化纤 纺织加工	棉纱	m³/t	50～120	
			棉布	m³/t	100～120	
			纯化纤布	m³/100m	150～230	
			化纤长丝	m³/t	33～60	
			针织布	m³/t	40～100	
		棉、化纤 印染精加工	棉及棉混纺 印染布	m³/万 m	560～700	
			化纤（涤纶） 印染布	m³/万 m	290～450	
			灯芯绒	m³/万 m	421～602	
			毛线	m³/t	200～300	
湖南	2008	棉化纤 纺织加工业	棉布	m³/100m	0.8	
			印染布	m³/100m	5.5	
			化纤布	m³/100m	50	
			化学用浆粕	m³/t	220	
			粘胶纤维	m³/t	350	
			锦纶	m³/t	20	
			维纶	m³/t	215	
			棉纱	m³/t	22	
			纯化纤纱	m³/t	100	
		麻纺织业	苎麻布	m³/t	750	
		针织品业	毛巾	m³/t	240	

标准/省市	年份	行业/产品类别			定额单位	定额值	备注
吉林	2010	棉化纤纺织及印染精加工	麻棉布		m³/100m	2.5	
			棉织布		m³/100m	0.66	
			棉纱		m³/t	31.0	
			涤纶纱		m³/t	30.0	
			漂染布		m³/100m	3.0	
			棉机织印染产品	棉及棉混纺产品	m³/100m	≤3.0	按 GB/T 18916.4
						≤4.0	
				化纤(涤纶)产品		≤2.5	
						≤3.5	
			棉针织印染产品	棉及棉混纺产品	m³/t	≤150	
						≤200	
				化纤(涤纶)产品		≤130	
						≤170	
		麻纺织	亚麻纱		m³/t	80.0	
			亚麻布		m³/100m²	18.0	
			黄麻制品		m³/t	5.0	
		丝绢纺织及精加工业	丝织品		m³/100m	7.0	
		纺织制成品制造	无纺布		m³/t	20.0	
		针织品、编织品及其他制品制造业	针织布		m³/t	80.0	
			棉袜		m³/千双	0.67	浅色
					m³/千双	2.0	深色
			尼龙袜		m³/万双	300.0	
			针织品		m³/万件	640.0	
			保温衫		m³/万件	160.0	
江西	2011	棉化纤纺织及印染精加工	棉纱		m³/t	35	
			棉布		m³/100m	0.65	由棉纱纺成棉布
			棉布		m³/100m	1.7	由棉花纺成棉布
			棉及棉混纺印染布		m³/100m	4.0	
			化纤(涤纶)印染布		m³/100m	3.5	
			棉及棉混纺针织印染布		m³/t	200	
			化纤针织印染布		m³/t	170	
		麻纺织	麻纺		m³/t	700	以苎麻为原料生产

标准/省市	年份	行业/产品类别		定额单位	定额值	备注
四川	2010	棉、化纤纺织及印染精加工业	棉织布	$m^3/100m$	2.5	
			棉纱	m^3/t	70.0	
			印染布	$m^3/100m$	3.0	
		针织品、编织品及其制品制造业	毛巾	$m^3/千条$	32.0	
			袜	$m^3/万双$	165.0	
贵州	2011	棉、化纤纺织及印染精加工	棉布	$m^3/100m$	2.3	
			棉纱	m^3/t	100	
			印花布	$m^3/100m$	2.5	
			印染布	$m^3/100m$	4	
			蜡染产品	$m^3/100m^2$	8	
云南	2006	棉化纤印染精加工	棉布	$m^3/万\ m$	190.0	折标
			棉纱	m^3/t	125.0	折标
			棉麻色织布	$m^3/万\ m$	325.0	
			印染布	$m^3/万\ m$	800.0	折标
			床褥单	$m^3/万条$	2000.0	折标
			水洗牛仔	$m^3/万件$	850.0	
			蜡染产品	$m^3/万\ m^2$	780.0	
			扎染产品	$m^3/万\ m^2$	360.0	
		麻纺织	混纺亚麻纱	m^3/t	280.0	折标
			亚麻打成麻	m^3/t	80.0	
			麻袋	$m^3/万条$	40.0	
			大麻精干麻	m^3/t	1000.0	
			大麻干纺纱	m^3/t	50.0	折标
		纺织制成品制造	无纺布	m^3/t	24.0	
		针织品、编织品及其制品制造业	毛巾	m^3/t	360.0	
			针织服装	m^3/t	360.0	
			袜子	$m^3/万双$	190.0	

标准/省市	年份	行业/产品类别		定额单位	定额值		备注
陕西	2004	棉、化纤纺织加工	纱	m³/t	85.0		
			布	m³/100m	1.2		
			帆布	m³/100m	0.9		
		棉、化纤印染精加工	印染布	m³/100m	3.7		
		棉及化纤制品制造	床单	m³/百条	45.0		
		纺织带和帘子布制造	帘子布	m³/t	210.0		
		棉、化纤针织品及编织品制造	平织产品	m³/t	300.0		
		其他针织品及编织品制造	提花产品	m³/t	430.0		
甘肃	2011	棉、化纤纺织加棉纱工	棉布	m³/100m	3		
			棉纱	m³/t	120		
		棉、化纤印染精加工	棉机织印染	m³/100m	3.5		
			棉针织印染	m³/t	170		
		其他针织品及编织品制造	袜子	m³/万双	200		
青海	2009	棉、化纤纺织加工	棉布	m³/100m	2.0		
			棉纱	m³/t	75.0		
		棉、化纤印染精加工	棉机织印染	m³/100m	2.0	A级	1. 2008 年 3 月 1 日后新建和改扩建的企业，自正式投产（验收）日起，执行 A 级指标；2. 2008 年 2 月 29 日前建成投产的企业，执行 B 级指标。
					3.0	B级	
			棉针织印染	m³/t	120.0	A级	
					150.0	B级	
		其他针织品及编织品制造	袜子	m³/万双	60.0		

标准/省市	年份	行业/产品类别		定额单位	定额值	备注
宁夏	2005	棉纺业	棉纱、棉线	m^3/t	80	
		棉织业	棉织布	$m^3/100m$	5	
		麻纺织业	亚麻纱	m^3/t	200	湿纺工艺
			亚麻布	$m^3/100m$	20	
			毛毯	$m^3/千条$	200	
			地毯	m^3/m^2	4	
新疆	2007	棉纺织业	棉线	m^3/t	2.87	
			棉纱	m^3/t	9.76	
			长绒棉纱	m^3/t	38.5	
			棉布	$m^3/千标米$	16.67	
		针织品业	针织内衣	$m^3/万件$	111.36	
			羊毛(绒)衫	$m^3/万件$	354.15	
			毛裤	$m^3/万条$	351.35	

通过对比,国家标准、行业标准和地方标准存在以下差异。

1. 分类尺度不同

国家标准将纺织染整产品分为棉、麻、化纤及混纺机织物、棉、麻、化纤及混纺针织物及纱线、真丝绸机织物和精梳毛织物四类。指标分为现有企业和新建企业两级。

行业标准针对棉印染、化纤两大行业制定了清洁生产标准,主要涵盖的产品有机织印染产品、针织印染产品、氨纶、聚酯和涤纶五类。指标分为一级、二级、三级。

地方标准中的分类尺度种类多,差异大。主要分类方式如下:

(1)棉、化纤纺织和印染、麻纺织、毛纺织及纺织成品(如内蒙古、浙江);

(2)棉、化纤纺织和印染、麻纺织、丝织物及纺织成品(如辽宁、吉林);

(3)棉、化纤纺织和印染、麻纺织(如黑龙江、江苏);

(4)棉、化纤纺织和印染(如河北、山东);

(5)棉纺织和印染(如湖北)。

指标等级分类除6项标准中分为现有企业和新建企业二级外,其余地方标准均只有一级指标。

2. 定额值不同

国家标准中现有企业棉、麻、化纤及混纺机织物的单位产品取水定额为 $3.0m^3/100m$,行业标准中机织印染产品取水量三级指标值为 $3.8m^3/100m$,地方标准中指标值差异则较大,取值范围在 $2.433m^3/100m \sim 5.5m^3/100m$。除上海取水定额为 $2.433m^3/100m$,小于国家标准,重庆等4省市地方标准取水定额与国家标准一致外,其余均大于国家标准。

第五节 造纸产品

一、行业发展及用水情况

2013 年全国纸及纸板生产量为 10110 万 t,较上年增长 -1.37%。纸浆生产总量 7651 万 t,较上年增长 -2.75%。其中:木浆 882 万 t,较上年增长 8.89%;废纸浆 5940 万 t,较上年增长 -0.72%;非木浆 829 万 t,较上年增长 -22.81%。近五年我国造纸工业主 要产品的生产情况见表 4-12。

表 4-12 2008—2013 年我国造纸工业主要产品生产情况   万 t

年份	新闻纸	未涂布印刷书写纸	涂布印刷纸	生活用纸	包装用纸	白纸板	箱纸板	瓦楞原纸	特种纸及纸板	其他纸及纸板	合计
2008	460	1400	550	550	560	1120	1530	1520	140	150	7980
2009	480	1510	590	580	575	1150	1730	1715	150	160	8640
2010	430	1620	640	620	600	1250	1880	1870	180	180	9270
2011	390	1730	725	730	620	1340	1990	1990	210	215	9930
2012	380	1750	780	780	640	1340	2080	2020	220	210	10250
2013	360	1720	770	795	635	1360	2040	2015	230	185	10110

数据来源:中国造纸工业协会。

造纸企业的主要用水包括制浆用水、纸及纸板生产过程用水等。2012 年纸浆造纸及 纸制品业用水总量为 121.30 亿 m³,取水量为 40.78 亿 m³,占工业总取水量 472.12 亿 m³ 的 8.64%;重复用水量为 80.51 亿 m³,水重复利用率为 66.37%,比上年提高 1.77 个百 分点。万元工业产值取水量为 57.2 m³,比上年减少 10.2 m³,降低 15.1%(见表 4-13)。

表 4-13 我国造纸及纸制品用水量统计与万元工业产值取水量

年份	工业用水量/亿 m³			万元产值取水量/(m³/万元)
	用水量	取水量	重复利用水量	
2006	89.24	44.01	45.23	152.5
2007	100.37	48.82	51.55	124.1
2008	108.96	48.84	60.12	94.0
2009	108.44	46.59	61.85	107.8
2010	123.39	46.15	77.24	89.6
2011	128.77	45.59	83.18	67.4
2012	121.30	40.78	80.51	57.2

数据来源:中国造纸工业协会。

虽然我国造纸行业平均用水量呈下降趋势,但与国外同类行业用水量相比,我国造纸企业具有较大节水潜力。在制浆耗水方面,以漂白化学浆为例,国外先进企业的吨浆用水量一般为 $35m^3 \sim 60m^3$,而我国企业先进水平一般 $90m^3 \sim 150m^3$ 之间;在造纸耗水方面,以书写印刷纸为例,国外先进企业的吨纸用水一般为 $5m^3 \sim 10m^3$,而我国用水则为 $35m^3 \sim 60m^3$ 。国内企业用水是国外企业用水量的 $3 \sim 6$ 倍,而且实际生产过程中,我国很多企业还达不到国家规定的取水定额标准。

总体来说,我国造纸行业消耗水量很高,节水整体水平低,与国际先进水平相比,差距较大。近年来,通过不断进行技术改造,引进国外先进技术和装备,一些大中型企业的节水水平已经很高,单位产品取水量接近或达到国际先进水平。造纸厂及纺织厂积极采取节水措施,取得了比较好的效果,但从我国严重缺水形势来分析,很多造纸厂还存在用水不合理等问题。

二、取水定额国家标准的应用

造纸行业是用水大户,为指导该行业节约用水,2002 年 12 月 20 日 GB/T 18916.5—2002《取水定额　第 5 部分:造纸产品》正式发布。自该标准实施以来,通过不断进行技术改造,引进国外先进技术和装备,一些大中型企业的节水水平已经很高,单位产品取水量接近或达到国际先进水平。原有取水定额指标中的个别产品对一些新建或实施技术改造的企业取水的管理和控制显得过于宽松,不能有效地促进造纸行业的整体节水水平。为了鼓励先进、鞭策现有企业及淘汰落后,2009 年开始对该标准进行修订,并于 2012 年 6 月正式发布 GB/T 18916.5—2012《取水定额　第 5 部分:造纸产品》。

(一)相关内容释义

造纸,指用纸浆或其他原料(如矿渣棉、云母、石棉等)悬浮在流体中的纤维,经过造纸机或其他设备成型,或手工操作而成的纸及纸板的制造活动。造纸产品主要包括 3 大类(纸浆、纸和纸板)13 小类,其中,纸浆包含 6 类产品,纸包含 4 类产品,纸板包含 3 类产品。

造纸产品主要生产的取水统计范围为以木材、竹子、非木浆(麦草、芦苇、甘蔗渣)等为原料生产本色、漂白化学浆,以木材为原料生产化学机械木浆,以废纸为原料生产脱墨或未脱墨废纸浆,其生产取水量是指从原料准备至成品浆(液态或风干)的生产全过程所取用的水量。化学浆生产过程取水量还包括碱回收、制浆化学品药液制备、黑(红)液副产品(黏合剂)生产在内的取水量。

以自制浆或商品浆为原料生产纸及纸板,其生产取水量是指从浆料预处理、打浆、抄纸、完成以及涂料、辅料制备等生产全过程的取水量。

造纸产品的取水量等于从自备水源总取水量中扣除给水净化站自用水量及由该水源供给的居住区、基建、自备电站用于发电的取水量及其他取水量等。

(二)主要修订内容

GB/T 18916.5—2012 在收集了大量造纸厂用水情况资料的基础上,对各定额指标值进行了修订。

1. 漂白化学木(竹)浆

国内大部分现有企业使用国产设备的漂白化学木竹浆生产线通过加强节水管理,技术改造等措施,取水量可以降到 $90m^3/t$ 以内;若设备全部从国外进口,取水量则能降低至 $60m^3/t$ 以下,达到国际、国内先进水平。考虑仅关键设备从国外进口的一般情况,取水量可达到 $70m^3/t$。

2. 本色化学木浆

国内大型本色化学木浆企业取水量可控制在 $50m^3/t$ 以内,一些规模较小、使用国产设备的企业,通过技术改造,取水量能控制在 $60m^3/t$ 左右。

3. 漂白化学非木浆

国内大型非木浆企业通过关键部位进口及多种节水技术结合,其单位产品取水量可控制在 $100m^3/t$ 以内,达到国际先进水平。而一些小型企业的生产线经过技术改造,采用将开放式筛选改为封闭筛选等节水工艺,能将单位产品取水量降低到 $130m^3/t$。

4. 废纸浆

脱墨废纸浆:国内大中型企业通过关键部件进口,单位产品取水量能达到 $25m^3/t$,一般企业采用国产设备,通过技术改造和节水管理,能将单位产品取水量控制在 $30m^3/t$ 以内。

未脱墨废纸浆:引进全套国外生产线的企业单位产品取水量能达到 $10m^3/t$ 以下,达到国际先进水平。考虑到国内企业实际情况,将现有企业和先进企业值均定在 $20m^3/t$。

5. 化学机械木浆

国内大型企业,采用进口设备,单位产品取水量能降至 $30m^3/t$ 以内,而规模较小的企业,单位产品取水量能降至 $35m^3/t$ 以内。

6. 新闻纸

国内大型企业引进国外进口设备,单位产品取水量能在 $16m^3/t$ 以内,而规模较小、采用国产设备的企业经过技术改造和加强节水管理,单位产品取水量能降至 $20m^3/t$ 以内。

7. 印刷书写纸

采用国产设备生产线的企业,单位产品取水量在 $35m^3/t$ 左右,而通过引进国外先进设备,单位产品取水量能降至 $30m^3/t$。

8. 生活用纸

全套引进欧洲、日本最先进的生产设备和技术,单位产品取水量能达到 $20m^3/t$ 以下,但综合考虑我国企业引进国外设备的实际情况,并结合调研数据,新建企业取水定额指标保持原 A 级指标不予修订,而现有企业值降低至 $30m^3/t$。

9. 包装用纸、白纸板、箱纸板和瓦楞原纸

全套或关键设备从国外引进,这四类产品取水量分别能达到 $20m^3/t$、$30m^3/t$、$22m^3/t$ 和 $20m^3/t$。而一些规模较小的企业通过节水技术改造,取水量能达到 $25m^3/t$、$30m^3/t$、$25m^3/t$ 和 $25m^3/t$。

修订前后取水定额指标值对比见表 4 – 14。以漂白化学木(竹)浆为例,修订前 B 级指标为 $150m^3/t$,修订后现有企业值为 $90m^3/t$,降低了 40%。

表 4 - 14　GB/T 18916.5—2002 与 GB/T 18916.5—2012 定额指标对比

产品名称		单位造纸产品取水量/(m³/t)			
		GB/T 18916.5—2002		GB/T 18916.5—2012	
		B 级	A 级	现有企业	新建企业
纸浆	漂白化学木(竹)浆	150	90	90	70
	本色化学木(竹)浆	110	60	60	50
	漂白化学非木(麦草、芦苇、甘蔗渣)浆	210	130	130	100
	脱墨废纸浆	45	30	30	25
	未脱墨废纸浆	30	20	20	20
	化学机械木浆	40	30	35	30
纸	新闻纸	50	20	20	16
	印刷书写纸	60	35	35	30
	生活用纸	50	30	30	30
	包装用纸	50	25	25	20
纸板	白纸板	50	30	30	30
	箱纸板	40	25	25	22
	瓦楞原纸	40	25	25	20

三、定额指标对比分析

目前,全国共有 29 个省市制定了造纸用水定额相关标准,国家标准中则有 GB/T 18916.5—2012《取水定额　第 5 部分:造纸产品》;行业标准中有 HJ/T 340—2007《清洁生产标准　造纸工业(硫酸盐化学木浆生产工艺)》、HJ 468—2009《清洁生产标准　造纸工业(废纸制浆)》、HJ/T 317—2006《清洁生产标准　造纸工业(漂白碱法蔗渣浆生产工艺)》3 个相关标准。相关标准的具体指标见表 4 - 15。

通过对比,国家标准、行业标准和地方标准存在以下差异。

1. 分类尺度不同

国家标准中将造纸产品分为纸浆、纸和纸板三大类 13 小类,指标分为现有企业和新建企业 2 级。

行业标准中造纸行业只包含了硫酸盐化学木浆、废纸浆和漂白碱法蔗渣浆三类纸浆产品,指标分为一级、二级、三级。

地方标准中分类尺度种类多,差异大,主要分类方式如下:

(1)与国家标准中的分类一致(如河北、山西);

(2)仅针对纸产品进行分类(如上海、湖北);

(3)按纸板和纸的主要产品分类(如重庆、吉林)。

有 11 项地方标准将指标等级分为现有企业和新建企业 2 级,其余均只有一级指标。

2. 定额值不同

以本色化学木浆为例,国家标准中现有企业的定额值为 $60m^3/t$,行业标准中的三级指标为 $60m^3/t$,地方标准中最小值为 $40m^3/t$,最大值则达 $200m^3/t$,差别很大。其中有 4 项地方标准定额值严于国家标准和行业标准,3 项等于国家标准和行业标准,其余均低于国家标准和行业标准的要求。

表 4-15　国家标准、行业标准及各地用水定额标准汇总表

标准/省市	年份	指标/行业类别		定额单位	定额值	备注
GB/T 18916.5—2012《取水定额第5部分:造纸产品》	2012	纸浆	漂白化学木(竹)浆	m^3/t	90	现有造纸企业
			本色化学木(竹)浆		60	
			漂白化学非木(麦草、芦苇、甘蔗渣)浆		130	
			脱墨废纸浆		30	
			未脱墨废纸浆		20	
			化学机械木浆		35	
		纸	新闻纸		20	
			印刷书写纸		35	
			生活用纸		30	
			包装用纸		25	
		纸板	白纸板		30	
			箱纸板		25	
			瓦楞原纸		25	
		纸浆	漂白化学木(竹)浆		70	新建造纸企业
			本色化学木(竹)浆		50	
			漂白化学非木(麦草、芦苇、甘蔗渣)浆		100	
			脱墨废纸浆		25	
			未脱墨废纸浆		20	
			化学机械木浆		30	
		纸	新闻纸		16	
			印刷书写纸		30	
			生活用纸		30	
			包装用纸		20	
		纸板	白纸板		30	
			箱纸板		22	
			瓦楞原纸		20	

标准/省市	年份	指标/行业类别		定额单位	定额值	备注
HJ/T 340—2007《清洁生产标准 造纸工业（硫酸盐化学木浆生产工艺）》	2007	本色硫酸盐化学木浆	取水量	m³/Adt	≤35	一级
					≤45	二级
					≤60	三级
			废水产生量	m³/Adt	≤30	一级
					≤40	二级
					≤50	三级
			水重复利用率	%	≥90	一级
					≥85	二级
					≥80	三级
		漂白硫酸盐化学木浆	取水量	m³/Adt	≤50	一级
					≤70	二级
					≤90	三级
			废水产生量	m³/Adt	≤45	一级
					≤60	二级
					≤80	三级
			水重复利用率	%	≥85	一级
					≥82	二级
					≥80	三级
HJ 468—2009《清洁生产标准 造纸工业（废纸制浆）》	2009	单位产品新鲜水用量	非脱墨制浆	m³/t	≤9	一级
					≤13	二级
					≤18	三级
			脱墨制浆		≤13	一级
					≤18	二级
					≤22	三级
		单位产品废水产生量	非脱墨制浆	m³/t	≤8	一级
					≤11	二级
					≤15	三级
			脱墨制浆		≤11	一级
					≤15	二级
					≤20	三级
		工业废水重复利用率	非脱墨制浆	%	≥95	一级
					≥90	二级
					≥85	三级
			脱墨制浆		≥90	一级
					≥85	二级
					≥80	三级

标准/省市	年份	指标/行业类别		定额单位	定额值	备注
HJ/T 317—2006《清洁生产标准造纸工业（漂白碱法蔗渣浆生产工艺）》	2006	取水量		m³/t	≤110	一级
					≤130	二级
					≤150	三级
		水重复利用率		%	≥80	一级
					≥70	二级
					≥60	三级
天津	2003	造纸印刷业	包装纸板浆	m³/t	36.21～39.77	
			机制苇浆	m³/t	245～295	
			机制卫生纸	m³/t	205～238	
			机制纸板	m³/t	128.5～133.82	
			机制纸	m³/t	130～170	
			加工纸	m³/t	43.4～56.6	
			纸制品平板包装盒	m³/万个	2.20～3.30	
			瓦楞纸箱	m³/万 m²	63～80	
			纸制品瓦楞	m³/万 m²	7.80～9.20	
			制版、印刷	m³/色令	0.15～0.19	
			油墨	m³/t	99.4～112.3	
			印刷	m³/色令	0.66～1.05	
内蒙古	2009	纸浆制造	漂白化学木浆	m³/Adt	70	
			本色化学木浆	m³/t	45	
			漂白化学非木(麦草)浆	m³/t	110	
			脱墨废纸浆	m³/t	30	
			未脱墨废纸浆	m³/t	20	
			机械木浆	m³/t	30	
		机制纸及纸板制造	新闻纸	m³/t	20	
			印刷书写纸	m³/t	35	
			生活用纸	m³/t	30	
			包装用纸	m³/t	25	
			白纸板	m³/t	30	
			箱纸板	m³/t	25	
			瓦楞原纸	m³/t	25	
			涂布纸	m³/t	35	

标准/省市	年份	指标/行业类别		定额单位	定额值	备注
辽宁	2008	纸浆制造	漂白化学木(竹)浆	m³/t（风干浆）	90	1998年1月1日起新、扩、改建成投产的企业或生产线,纸浆产品为液体浆,当生产商品浆时,允许在本定额的基础上增加10m³/t
					150	1998年1月1日前投产的企业或生产线,幅宽小于4m的纸机、纸板机及其配套的制浆生产线纸浆产品为液体浆,当生产商品浆时,允许在本定额的基础上增加10m³/t
			本色化学木(竹)浆	m³/t（风干浆）	60	1998年1月1日起新、扩、改建成投产的企业或生产线,纸浆产品为液体浆,当生产商品浆时,允许在本定额的基础上增加10m³/t
					110	1998年1月1日前投产的企业或生产线,幅宽小于4m的纸机、纸板机及其配套的制浆生产线。纸浆产品为液体浆,当生产商品浆时,允许在本定额的基础上增加10m³/t
			漂白化学非木(麦草、芦苇、甘蔗渣)浆	m³/t（风干浆）	130	1998年1月1日起新、扩、改建成投产的企业或生产线,纸浆产品为液体浆,当生产商品浆时,允许在本定额的基础上增加10m³/t
					210	1998年1月1日前投产的企业或生产线,幅宽小于4m的纸机、纸板机及其配套的制浆生产线。纸浆产品为液体浆,当生产商品浆时,允许在本定额的基础上增加10m³/t

标准/省市	年份	指标/行业类别		定额单位	定额值	备注
辽宁	2008	纸浆制造	脱墨废纸浆	m³/t（风干浆）	30	1998 年 1 月 1 日起新、扩、改建成投产的企业或生产线,纸浆产品为液体浆,当生产商品浆时,允许在本定额的基础上增加 10m³/t
					45	1998 年 1 月 1 日前投产的企业或生产线,幅宽小于 4m 的纸机、纸板机及其配套的制浆生产线。纸浆产品为液体浆,当生产商品浆时,允许在本定额的基础上增加 10m³/t
			未脱墨废纸浆	m³/t（风干浆）	20	1998 年 1 月 1 日起新、扩、改建成投产的企业或生产线,纸浆产品为液体浆,当生产商品浆时,允许在本定额的基础上增加 10m³/t
					30	1998 年 1 月 1 日前投产的企业或生产线,幅宽小于 4m 的纸机、纸板机及其配套的制浆生产线。纸浆产品为液体浆,当生产商品浆时,允许在本定额的基础上增加 10m³/t
			机械木浆	m³/t（风干浆）	30	1998 年 1 月 1 日起新、扩、改建成投产的企业或生产线,纸浆产品为液体浆,当生产商品浆时,允许在本定额的基础上增加 10m³/t
					40	1998 年 1 月 1 日前投产的企业或生产线,幅宽小于 4m 的纸机、纸板机及其配套的制浆生产线。纸浆产品为液体浆,当生产商品浆时,允许在本定额的基础上增加 10m³/t

标准/省市	年份	指标/行业类别		定额单位	定额值	备注
辽宁	2008	机制纸及纸板制造	箱纸板	m³/t	25	1998 年 1 月 1 日起新、扩、改建成投产的企业或生产线
					40	1998 年 1 月 1 日前投产的企业或生产线,幅宽小于 4m 的纸机、纸板机及其配套的制浆生产线
			白纸板	m³/t	30	1998 年 1 月 1 日起新、扩、改建成投产的企业或生产线
					50	1998 年 1 月 1 日前投产的企业或生产线,幅宽小于 4m 的纸机、纸板机及其配套的制浆生产线
			瓦楞原纸	m³/t	25	1998 年 1 月 1 日起新、扩、改建成投产的企业或生产线
					40	1998 年 1 月 1 日前投产的企业或生产线,幅宽小于 4m 的纸机、纸板机及其配套的制浆生产线
		加工纸制造	新闻纸	m³/t	20	1998 年 1 月 1 日起新、扩、改建成投产的企业或生产线
					50	1998 年 1 月 1 日前投产的企业或生产线,幅宽小于 4m 的纸机、纸板机及其配套的制浆生产线
			印刷书写纸	m³/t	35	1998 年 1 月 1 日起新、扩、改建成投产的企业或生产线
					60	1998 年 1 月 1 日前投产的企业或生产线,幅宽小于 4m 的纸机、纸板机及其配套的制浆生产线

标准/省市	年份	指标/行业类别		定额单位	定额值	备注	
辽宁	2008	加工纸制造	生活用纸	m^3/t	30	1998年1月1日起新、扩、改建成投产的企业或生产线	
					50	1998年1月1日前投产的企业或生产线,幅宽小于4m的纸机、纸板机及其配套的制浆生产线	
			包装用纸	m^3/t	25	1998年1月1日起新、扩、改建成投产的企业或生产线	
					50	1998年1月1日前投产的企业或生产线,幅宽小于4m的纸机、纸板机及其配套的制浆生产线	
河北	2009	纸浆制造	漂白化学木浆	m^3/t	120.00	考核值	
					72.00	准入值	
			漂白化学非木浆	m^3/t	168.00	考核值	麦草、稻草、芦苇、棉杆
					104.00	准入值	
			本色化学木浆	m^3/t	88.00	考核值	
					48.00	准入值	
			脱墨废纸浆	m^3/t	36.00	考核值	
					24.00	准入值	
			未脱墨废纸浆	m^3/t	24.00	考核值	
					16.00	准入值	
			机械木浆	m^3/t	32.00	考核值	
					24.00	准入值	
		造纸	新闻纸	m^3/t	40.00	考核值	
					16.00	准入值	
			生活用纸	m^3/t	40.00	考核值	
					24.00	准入值	
			包装用纸	m^3/t	40.00	考核值	
					20.00	准入值	
			印刷书写纸	m^3/t	48.00	考核值	
					28.00	准入值	
		纸制品制造	箱板纸	m^3/t	32.00	考核值	
					20.00	准入值	
			白纸板	m^3/t	40.00	考核值	
					24.00	准入值	
			瓦楞纸板	m^3/t	32.00	考核值	
					20.00	准入值	

标准/省市	年份	指标/行业类别		定额单位	定额值	备注
河南	2009	纸浆制造业	漂白化学非木浆	m³/Adt	110	吨风干浆
			脱墨废纸浆		25	
			未脱墨废纸浆		17	
			漂白化学木浆		75	
			本色化学木浆		50	
			机械木浆		25	
		造纸业	铜版原纸	m³/t	20	
			复印纸	m³/t	28	
			生活用纸	m³/t	16	
			新闻纸	m³/t	16	
			印刷书写纸	m³/t	23	
			包装用纸	m³/t	25	
			白板纸	m³/t	25	
			黄板纸	m³/t	25	
			箱板纸	m³/t	20	
			瓦楞原纸	m³/t	20	
			浆、纸联合企业	m³/t	25	废纸原料
					60	自制漂白化学浆
					45	自制本色浆
		纸制品业	纸制品	m³/t	5	
黑龙江	2010	纸浆制造	漂白化学木（竹）浆	m³/t	90	A 级：1998 年 1 月 1 日起新、扩、改建成投产的企业或生产线，其取水定额执行 A 级标准
					150	B 级：1998 年 1 月 1 日前建成投产的企业或生产线，以及幅宽小于 4m 的纸机、纸板机及其配套的制浆生产线，其取水定额执行 B 级标准
			本色化学木（竹）浆		60	A 级
					110	B 级
			漂白化学非木（麦草、芦苇、甘蔗渣）浆		130	A 级
					210	B 级
			脱墨废纸浆		30	A 级
					45	B 级

标准/省市	年份	指标/行业类别		定额单位	定额值	备注
黑龙江	2010	纸浆制造	非脱墨废纸浆	m³/t	20	A 级
					30	B 级
			机械木浆		30	A 级
					40	B 级
		造纸	新闻纸	m³/t	20	A 级
					50	B 级
			印刷书写纸		35	A 级
					60	B 级
			生活用纸		30	A 级
					50	B 级
			包装用纸		25	A 级
					50	B 级
		纸制品业	白板纸	m³/t	30	A 级
					50	B 级
			箱纸板		25	A 级
					40	B 级
			瓦楞原纸		25	A 级
					40	B 级
江苏	2010	纸浆制造	漂白化学木浆	m³/t	90	1998 年后新、扩、改建成投产
					120	1998 年前投产
			本色化学木浆		60	1998 年后新、扩、改建成投产
					110	1998 年前投产
			漂白化学麦草（芦苇）浆		100	1998 年后新、扩、改建成投产
					150	1998 年前投产
			脱墨废纸浆		30	1998 年后新、扩、改建成投产
					45	1998 年前投产
			非脱墨废纸浆		10	1998 年后新、扩、改建成投产
					20	1998 年前投产
			机械木浆		30	1998 年后新、扩、改建成投产
					40	1998 年前投产
			化学机械浆		50	1998 年后新、扩、改建成投产

续表

标准/省市	年份	指标/行业类别		定额单位	定额值	备注
江苏	2010	机械纸及纸板制造	新闻纸	m³/t	20	1998 年后新、扩、改建成投产
					50	1998 年前投产
			印刷书写纸		35	1998 年后新、扩、改建成投产
					60	1998 年前投产
			生活用纸		30	1998 年后新、扩、改建成投产
					50	1998 年前投产
			白纸板		30	1998 年后新、扩、改建成投产
					50	1998 年前投产
			箱纸板		25	1998 年后新、扩、改建成投产
					40	1998 年前投产
			瓦楞原纸		25	1998 年后新、扩、改建成投产
					40	1998 年前投产
山东	2010	纸浆制造业	漂白化学木浆	m³/t	65	
			本色化学木浆	m³/t	60	
			本色化学麦草(芦苇)浆	m³/t	70	
			漂白化学麦草(芦苇)浆	m³/t	90	
			脱墨废纸漂白浆	m³/t	26	
			化学机械木浆	m³/t	15	
		机制纸及纸板制造	新闻纸	m³/t	20	浆及纸
			印刷书写纸	m³/t	17	
			生活用纸	m³/t	19	
			板纸类	m³/t	22	浆及纸
上海	2010	造纸	新闻纸	m³/t	16.12	
			影像原纸	m³/t	55.62	
			特种纸	m³/t	227.05	
			食品卡纸	m³/t	26.06	

标准/省市	年份	指标/行业类别		定额单位	定额值	备注
山西	2008	纸浆	漂白化学木(竹)浆	m³/t	90	采用国家标准
			本色化学木(竹)浆		60	
			漂白化学非木(麦草、芦苇、甘蔗渣)浆		130	
			脱墨废纸浆		30	
			非脱墨废纸浆		20	
			机械木浆		30	
		纸	新闻纸		20	
			印刷书写纸		35	
			生活用纸		30	
			包装用纸		25	
		纸板	白纸板		30	
			箱纸板		25	
			瓦楞原纸		25	
浙江	2004	纸浆制造	自制浆	m³/t	85~106	
		机制纸及纸板制造业	兰芯纸	m³/t	66~81	
			扑克纸	m³/t	77~96	
			新闻纸	m³/t	157~196	
			箱板纸	m³/t	83~118	
			灰底涂布白板纸	m³/t	27~34	
			瓦楞纸	m³/t	44~55	
			涂布白板纸	m³/t	84~120	
			黄板纸	m³/t	85~106	
			纱管纸板	m³/t	116~145	
			牛皮箱板纸	m³/t	122~152	
			非织造布	m³/t	0.4~0.6	
			牛皮卷芯纸	m³/t	150~188	
			印花纸	m³/t	79~103	
			平衡纸	m³/t	50~63	
			装饰纸	m³/t	46~57	
			牛皮纸	m³/t	90~110	
			绉纹卫生纸	m³/t	84~120	

续表

标准/省市	年份	指标/行业类别		定额单位	定额值	备注
浙江	2004	机制纸及纸板制造业	云母纸	m³/t	223～279	
			半透明纸	m³/t	85～106	
			餐巾印花纸	m³/t	77～96	
			仿牛皮纸	m³/t	100～126	
			油封、编织、贴花等纸	m³/t	51～64	
			棉纸	m³/t	63～89	
			过滤纸	m³/t	51～64	
			引线砂纸	m³/t	610～762	
			灰板纸	m³/t	94～117	
			卷烟纸	m³/t	150～187	
			双胶棉纸	m³/t	936～1170	
			电池棉纸	m³/t	990～1238	
			电隔纸	m³/t	1088～1360	
			锚杆纸	m³/t	1683～2103	
			吸尘袋内纸	m³/t	1140～1425	
			装饰纸原纸	m³/t	1000～1257	
			成型纸	m³/t	384～480	
			复写原纸	m³/t	224～280	
			电话纸	m³/t	140～175	
			拷贝纸	m³/t	224～280	
			汽车工业滤纸	m³/t	170～213	
			化学分析滤纸	m³/t	138～173	
			热封型滤纸	m³/t	409～512	
			长纤维纸	m³/t	1484～1855	
			打字蜡纸	m³/万盒	41～51	
			双面胶带纸	m³/t	1364～1705	
			网干纸	m³/t	1.9～2.4	
			防粘纸	m³/t	1.7～2.1	
			淋膜纸	m³/t	1.8～2.2	
			医用胶带棉纸	m³/t	1060～1323	
			包装纸	m³/t	99～123	
			自用包装纸	m³/t	144～180	
		纸和纸板容器的制造	彩盒	m³/万m²	2.3～3.3	
			外箱	m³/万m²	2.5～3.1	
			纸箱	m³/万m²	7～10	
			包装纸箱	m³/万m²	0.7～1	
			瓦楞纸箱	m³/t	2.3～2.8	

续表

标准/省市	年份	指标/行业类别		定额单位	定额值		备注
安徽	2007	造纸	纸浆	m³/t			GB/T 18916.5
			纸	m³/t			
			纸板	m³/t			
福建	2007	纸浆制造	漂白化学非木浆(草、甘蔗)	m³/t	150~250		
			漂白化学木(竹)浆	m³/t	60~110		
			本色木浆	m³/t	40~70		
			脱墨(废纸)浆	m³/t	30~40		
			机械木浆	m³/t	30~50		
		机制纸及纸板制造	新闻纸	m³/t	20~40		
			复印纸	m³/t	80~130		
			箱板纸	m³/t	60~100		
			胶印书刊纸	m³/t	140~150		
		纸和纸板容器的制造	箱纸板	m³/t	50~90		
			纸袋纸	m³/t	60~100		
			瓦楞纸	m³/t	60~90		
			卫生巾	m³/t	26~40		
广东	2007	造纸业	纸浆、纸、纸板等				GB/T 18916.5
广西	2010	制浆制造	漂白化学木浆	m³/t	≤70	A级	2010年1月1日起新、扩、改建成投产的企业或生产线,其用水定额执行A级指标;2010年1月1日前已建成投产的企业或生产线,其用水定额执行B级标准
				m³/t	≤90	B级	
			漂白化学竹浆	m³/t	≤70	A级	
				m³/t	≤90	B级	
			本色化学木(竹)浆	m³/t	≤50	A级	
				m³/t	≤60	B级	
			漂白化学蔗渣浆	m³/t	≤110	A级	
				m³/t	≤150	B级	
			脱墨废纸浆	m³/t	≤24	A级	
				m³/t	≤30	B级	
			未脱墨废纸浆	m³/t	≤16	A级	
				m³/t	≤20	B级	
			机械木浆	m³/t	≤25	A级	
				m³/t	≤40	B级	

续表

标准/省市	年份	指标/行业类别		定额单位	定额值	备注
广西	2010	机制纸及纸板制造	新闻纸	m^3/t	≤20	A 级
				m^3/t	≤50	B 级
			印刷书写纸	m^3/t	≤35	A 级
				m^3/t	≤60	B 级
			生活用纸	m^3/t	≤30	A 级
				m^3/t	≤50	B 级
			包装用纸	m^3/t	≤25	A 级
				m^3/t	≤50	B 级
			白纸板	m^3/t	≤30	A 级
				m^3/t	≤50	B 级
			箱纸板	m^3/t	≤25	A 级
				m^3/t	≤40	B 级
			瓦楞原纸	m^3/t	≤25	A 级
				m^3/t	≤40	B 级
海南	2008	纸浆制造	机制纸(制浆)	m^3/t	160	
		机制纸及纸板制造	牛皮纸	m^3/t	70	
			胶版纸	m^3/t	60~80	
			瓦楞纸	m^3/t	55	
			牛皮箱纸板	m^3/t	60	
		加工纸制造	新闻纸	m^3/t	120~200	
			卫生纸	m^3/t	340	
		其他纸制品制造	纸箱	m^3/t	55	
重庆	2007	造纸业	纸浆	m^3/t	130	
			胶版纸	m^3/t	80	
			书写纸	m^3/t	100	
			卫生纸(后加工)	m^3/t	2	
			玻璃纤维空气净化材料	m^3/t	960	
		纸制品业	包装纸	m^3/t	35	
			纸板生产	m^3/t	5.5	
			纸箱	m^3/t	3.6	
			彩箱	m^3/t	8	
			彩盒	m^3/t	8	

续表

标准/省市	年份	指标/行业类别		定额单位	定额值	备注
湖北	2003	重克度		m³/t	100	单纯造纸
				m³/t	300	制浆造纸
		铜版纸		m³/t	75	
		铝箔衬纸		m³/t	250	
		包装纸板		m³/t	118	
湖南	2008	造纸业	漂白化学木(竹)浆	m³/t	60	
			本色化学木(竹)浆	m³/t	50	
			漂白化学非木(麦草、芦苇)浆	m³/t	90	
			脱墨废纸浆	m³/t	25	
			未脱墨废纸浆	m³/t	20	
			机械(化学机械)木浆	m³/t	20	
			新闻纸	m³/t	20	
			书写纸	m³/t	35	
			生活用纸	m³/t	30	
			包装纸	m³/t	25	
			白纸板	m³/t	30	
			箱纸板	m³/t	25	
			瓦楞原纸	m³/t	25	
			特种纸板	m³/t	35	
		纸制品业	彩箱	m³/m²	8	
			纸箱	m³/m²	4	
			彩盒	m³/m²	8	
吉林	2010	纸浆	漂白化学木(竹)浆	m³/t 风干浆(水分10%)	90.0	GB/T 18916.5
					150.0	
			本色化学木(竹)浆		60.0	
					110.0	
			漂白化学非木(麦草、芦苇、甘蔗渣)浆		130.0	
					210.0	
			脱墨废纸浆		30.0	
					45.0	
			非脱墨废纸浆		20.0	
					30.0	
			机械木浆		30.0	
					40.0	

续表

标准/省市	年份	指标/行业类别		定额单位	定额值	备注
吉林	2010	纸	新闻纸	m³/t	20.0	GB/T 18916.5
					50.0	
			印刷书写纸		35.0	
					60.0	
			生活用纸		30.0	
					50.0	
			包装用纸		25.0	
					50.0	
		纸板	白纸板	m³/t	30.0	GB/T 18916.5
					50.0	
			箱纸板		25.0	
					40.0	
			瓦楞原纸		25.0	
					40.0	
		纸制品制造	纸箱	m³/t	23.0	
江西	2011	纸浆制造	漂白化学木(竹)浆	m³/t	150	
			本色化学木(竹)浆	m³/t	110	
			漂白化学非木浆	m³/t	210	以麦草、芦苇、甘蔗渣为原料生产
		造纸	生活用纸	m³/t	50	
			新闻纸	m³/t	50	
			包装纸	m³/t	50	
			黄纸 白纸	m³/t	35	再生纸
		纸制品制造	箱纸板	m³/t	40	
			瓦楞原纸	m³/t	40	
四川	2010	纸浆制造业	化学制浆	m³/t	120.0	1998 年 1 月 1 日起新建和扩建的企业或生产线
				m³/t	200.0	1998 年 1 月 1 日前建成投产的企业或生产线
			机械木浆	m³/t	30.0	1998 年 1 月 1 日起新建和扩建的企业或生产线
				m³/t	40.0	1998 年 1 月 1 日前建成投产的企业或生产线

续表

标准/省市	年份	指标/行业类别		定额单位	定额值	备注
四川	2010	造纸业	卫生纸	m³/t	30.0	1998年1月1日起新建和扩建的企业或生产线
				m³/t	50.0	1998年1月1日前建成投产的企业或生产线
			新闻纸	m³/t	20.0	1998年1月1日起新建和扩建的企业或生产线
				m³/t	50.0	1998年1月1日前建成投产的企业或生产线
			铜版纸、书写纸	m³/t	35.0	1998年1月1日起新建和扩建的企业或生产线
				m³/t	60.0	1998年1月1日前建成投产的企业或生产线
			包装纸	m³/t	25.0	1998年1月1日起新建和扩建的企业或生产线
				m³/t	50.0	1998年1月1日前建成投产的企业或生产线
			瓦楞原纸	m³/t	25.0	1998年1月1日起新建和扩建的企业或生产线
				m³/t	40.0	1998年1月1日前建成投产的企业或生产线
			白纸板	m³/t	30.0	1998年1月1日起新建和扩建的企业或生产线
				m³/t	50.0	1998年1月1日前建成投产的企业或生产线
			箱纸板	m³/t	25.0	1998年1月1日起新建和扩建的企业或生产线
				m³/t	40.0	1998年1月1日前建成投产的企业或生产线

续表

标准/省市	年份	指标/行业类别		定额单位	定额值	备注
云南	2006	纸浆制造	漂白化学木浆	m³/t	120	
			漂白化学竹浆	m³/t	150	
			本色竹木浆	m³/t	90	
			漂白化学非木（麦草甘蔗渣）浆	m³/t	180	
			化学机械木浆	m³/t	80	
			脱墨废纸浆	m³/t	45	
			未脱墨废纸浆	m³/t	30	
		造纸业	新闻纸	m³/t	50	
			胶印书刊纸	m³/t	60	
			书写纸	m³/t	60	
			胶版纸	m³/t	60	
			打字纸	m³/t	90	
			铜版纸	m³/t	65	
			烟用接装原纸	m³/t	80	
			嘴棒成型纸	m³/t	60	
			卷烟纸	m³/t	60	
			纸巾纸（原纸）	m³/t	50	
			皱纹卫生纸（原纸）	m³/t	50	
			牛皮纸	m³/t	50	
			纸袋纸	m³/t	50	
			炸药卷纸	m³/t	50	
			白板纸	m³/t	50	
			箱纸板	m³/t	40	
			瓦楞原纸	m³/t	40	
		纸制品制造	瓦楞纸箱	m³/万 m²	180	

续表

标准/省市	年份	指标/行业类别			定额单位	定额值		备注
贵州	2011	纸浆制造	纸浆		m³/t	85		
		造纸	书写纸		m³/t	35		
			白板纸		m³/t	50		
			油毡纸		m³/百卷	30		
			铜版纸		m³/t	65		
			包装纸		m³/t	35		
			机制纸		m³/t	150		
			牛皮箱板纸		m³/t	30		
			牛皮纸		m³/t	50		
			卫生纸		m³/t	150		
			新闻纸		m³/t	50		
			版纸		m³/t	80		
		纸制品制造	纸板生产		m³/t	25		
陕西	2004	机制纸及纸板制造	半透明纸		m³/t	220.0		外购浆
			纱管原纸		m³/t	380.0		自制麦草浆
			新闻纸		m³/t	130.0		自制脱墨浆
			卫生纸		m³/t	170.0		自制草浆
			茶板纸		m³/t	40.0		废纸回收小型企业
			涂布白板纸		m³/t	50.0		废纸浆
甘肃	2011	纸浆制造	各类纸浆	漂白化学木浆	m³/t	90	A级	GB/T 18916.5
					m³/t	150	B级	
				本色化学木浆	m³/t	60	A级	
					m³/t	110	B级	
				漂白化学非木浆	m³/t	130	A级	
					m³/t	210	B级	
				脱墨废纸浆	m³/t	30	A级	
					m³/t	45	B级	
				未脱墨废纸浆	m³/t	20	A级	
					m³/t	30	B级	
				机械木浆	m³/t	30	A级	
					m³/t	40	B级	
		纸制品制造	纸和纸板容器的制造	白纸板	m³/t	30	A级	
					m³/t	50	B级	
				箱纸板	m³/t	25	A级	
					m³/t	40	B级	
				瓦楞原纸	m³/t	25	A级	
					m³/t	40	B级	

续表

标准/省市	年份	指标/行业类别		定额单位	定额值		备注
青海	2009	纸浆制造	漂白化学木（竹）浆（风干浆含水10%）	m³/t	90.0	A级	1.1998年1月1日起新、扩、改建成投产的企业或生产线执行A级指标；2.1998年1月1日前建成投产的企业或生产线执行B级指标；3.幅宽小于4cm的纸机、纸板机及其配套的纸浆生产线，其用水定额执行B级指标；4.高得率半化学本色木浆级草浆按本色化学木浆执行；5.纸浆产品为液体浆，当生产商品浆时允许在定额基础上增加10m³/t；6.本定额未考虑工艺过程中采用直流冷却水的取水指标
				m³/t	150.0	B级	
			本色化学木（竹）浆（风干浆含水10%）	m³/t	60.0	A级	
				m³/t	110.0	B级	
			漂白化学非木（麦草、芦苇、甘蔗渣）浆（风干浆含水10%）	m³/t	130.0	A级	
				m³/t	210.0	B级	
			脱墨废纸浆（风干浆含水10%）	m³/t	30.0	A级	
				m³/t	45.0	B级	
			未脱墨废纸浆（风干浆含水10%）	m³/t	20.0	A级	
				m³/t	30.0	B级	
			机械木浆（风干浆含水10%）	m³/t	30.0	A级	
				m³/t	40.0	B级	
		机制纸及纸板制造	新闻纸	m³/t	20.0	A级	1.1998年1月1日起新、扩、改建成投产的企业或生产线执行A级指标；2.1998年1月1日前建成投产的企业或生产线执行B级指标；3.幅宽小于4cm的纸机、纸板机及其配套的纸浆生产线，其用水定额执行B级指标；4.本定额未考虑工艺过程中采用直流冷却水的取水指标
				m³/t	50.0	B级	
			印刷书写纸	m³/t	35.0	A级	
				m³/t	60.0	B级	
			生活用纸	m³/t	30.0	A级	
				m³/t	50.0	B级	
			包装纸	m³/t	25.0	A级	
				m³/t	50.0	B级	
			白纸板	m³/t	30.0	A级	
				m³/t	50.0	B级	
			箱纸板	m³/t	25.0	A级	
				m³/t	40.0	B级	
			瓦楞原纸	m³/t	25.0	A级	
				m³/t	40.0	B级	

标准/省市	年份	指标/行业类别		定额单位	定额值		备注
宁夏	2005	造纸业	漂白化学木（竹）浆	m³/t	90	A级	1.1998年1月1日起新、扩、改建成投产的企业或生产线执行A级指标；2.高得率半化学本色木浆级草浆按本色化学木浆执行；3.纸浆产品为液体浆，当生产商品浆时允许在定额基础上增加10m³/t；4.纸浆的计量单位为吨风干浆（水分10%）
				m³/t	150	B级	
			本色化学木（竹）浆	m³/t	60	A级	
				m³/t	110	B级	
			漂白化学非木（麦草、芦苇、甘蔗渣）浆	m³/t	130	A级	
				m³/t	210	B级	
			脱墨废纸浆	m³/t	30	A级	
				m³/t	45	B级	
			未脱墨废纸浆	m³/t	20	A级	
				m³/t	30	B级	
			机械木浆	m³/t	30	A级	
				m³/t	40	B级	
			新闻纸	m³/t	20	A级	
				m³/t	50	B级	
			印刷书写纸	m³/t	35	A级	
				m³/t	60	B级	
			生活用纸	m³/t	30	A级	
				m³/t	50	B级	
			包装用纸	m³/t	25	A级	
				m³/t	50	B级	
			白纸板	m³/t	30	A级	
				m³/t	50	B级	
			箱纸板	m³/t	25	A级	
				m³/t	40	B级	
			瓦楞原纸	m³/t	25	A级	
				m³/t	40	B级	
新疆	2007	造纸业	箱板纸	m³/t	33.51		
			文化纸	m³/t	105.42		
		纸制品业	包装纸箱	m³/万 m²	5.73		

注：Adt 为吨风干浆。

第六节　啤酒制造

一、行业发展及用水情况

啤酒工业在支持国民经济发展和保障人民生活需求方面发挥着重要的作用,同时它也是高耗水行业之一。在我国酒行业中,啤酒行业是集中度最高的,目前五大集团市场份额已达到70%左右,2013年,全国啤酒产量5061.5万kL,比2010年的4490.16万kL增长了12.72%。2008—2013年我国啤酒总产量见图4-4。

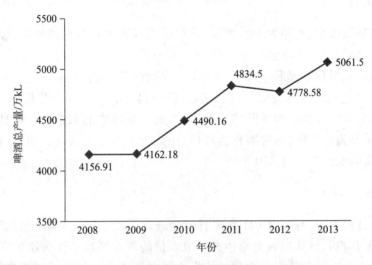

图4-4　2008—2013年我国啤酒总产量
数据来源:国家统计局

啤酒生产用水量较大,由于地区发展不平衡以及企业规模和水平差距较大,千升啤酒取水量为$5m^3 \sim 25m^3$。经过多年的努力,千升啤酒取水量大幅度降低,但和国际先进水平相比,仍然有较大差距,带来了较大的经济负担和社会负担。伴随节水工作的广泛开展,啤酒行业不断取得技术进步,逐步走上资源节约、环境友好的良性发展道路,节水减排效果显著。据统计,自2003年至2009年,我国啤酒总产量增长了58.5%,单位产品取水量降低了48.5%(见表4-16)。

表4-16　2008—2013年我国啤酒行业取水情况

年份	年取水量/亿m^3	重复利用率
2008	8.69	80%
2009	7.90	85%
2010	7.65	88%
2011	6.62	90%
2012	6.45	91%
2013	6.30	92%

数据来源:中国酒业协会。

二、取水定额国家标准应用

啤酒制造业是用水大户,为指导该行业节约用水,2004 年 3 月 8 日 GB/T 18916.6—2004《取水定额 第 6 部分:啤酒制造》正式发布。自该标准实施以来,啤酒制造业用水量每年都有大幅下降,到 2009 年全国啤酒总产量增长了 58.5%,千升啤酒取水量降低了48.5%。原标准中的啤酒制造业取水定额指标已不能适应行业的发展,为了鼓励和促进啤酒制造业节水和工业技术进步,体现先进性,2010 年开始对该标准进行修订,并于2012 年 6 月正式发布 GB/T 18916.6—2012《取水定额 第 6 部分:啤酒制造》。

(一)相关内容释义

啤酒制造是指以水、麦芽为主要原料,淀粉质物料和酒花为辅助原料,经过粉碎、糖化、发酵、过滤、包装生产出啤酒的全过程。

啤酒制造取水量供给范围包括主要生产(啤酒酿造、包装)、辅助生产(动力、检化验)和附属生产(包括厂区办公楼、食堂、浴室、卫生、绿化),不包括麦芽制造。

啤酒制造取水定额指标为千升啤酒取水量,而不是吨啤酒取水量。这是因为,吨是质量单位,而千升是体积单位,啤酒作为液体,用体积单位更加合适。同时,在国家统计中,对啤酒产量的统计单位也是万千升。

(二)主要修订内容

标准修订过程中,共对国内 200 家啤酒企业进行了用水情况调研(包括现场调研和问卷调研),通过分析,计算出行业单位产品取水量的算术平均值作为制定定额的依据,加权平均值作为分析行业总取水变化的依据。同时调查了国际先进啤酒公司在国内的独资和合资啤酒厂的取水指标以及国际平均的取水情况。

考虑到现有企业的设备基础相对薄弱落后,综合分析各啤酒企业的生产规模、取水量以及工艺技术的基础上,结合企业及专家意见,进行反复论证后确定了现有企业千升啤酒取水量为 $6.0 \text{m}^3/\text{kL}$。通过进口先进设备、改进啤酒制造工艺及节水技术水平,千升啤酒取水量能够达到 $5.5 \text{m}^3/\text{kL}$。

修订前后取水定额指标值对比见表 4 - 17。修订前现有企业千升啤酒取水量为 $9.5 \text{m}^3/\text{kL}$,修订前为 $6.0 \text{m}^3/\text{kL}$,降低了 36.84%。

表 4 - 17 GB/T 18916.6—2004 与 GB/T 18916.6—2012 定额指标对比

分类	千升啤酒取水量/(m^3/kL)	
	GB/T 18916.6—2004	GB/T 18916.6—2012
现有企业(B 级)	9.5	6.0
新建企业(A 级)	9.0	5.5

三、定额指标对比分析

目前,全国共有 29 个省市制定了啤酒制造用水定额,国家标准中则有 GB/T 18916.

6—2012《取水定额　第 6 部分:啤酒制造》。行业标准中有清洁生产标准 HJ/T 183—
2006《清洁生产标准　啤酒制造业》。具体指标见表 4 - 18。

表 4 - 18　国家标准、行业标准及各地用水定额标准汇总

标准/省市	年份	指标/行业类别		定额单位	定额值	备注	
GB/T 18916.6—2012《取水定额 第 6 部分:啤酒制造》	2012	啤酒		m³/kL	6.0	现有企业	
					5.5	新建企业	
HJ/T 183—2006《清洁生产标准 啤酒制造业》	2006	啤酒		m³/kL	≤6.0	一级	取水量
					≤8.0	二级	
					≤9.5	三级	
				m³/kL	≤4.5	一级	废水产生量
					≤6.5	二级	
					≤8.0	三级	
天津	2003	食品加工及制造业	普通啤酒	m³/kL	8.5 ~ 10.00		
内蒙古	2009	啤酒制造	啤酒	m³/t	9.5		
辽宁	2008	啤酒制造	啤酒	m³/kL	4 ~ 6	2001 年 1 月 1 日起新、改扩建的啤酒制造厂综合定额,不包括麦芽制造	
			啤酒		6 ~ 8	2001 年 1 月 1 日前建成投产的啤酒制造厂综合定额,不包括麦芽制造	
			麦芽	m³/t	20 ~ 25		
河北	2009	酒的制造	啤酒	m³/kL	5.93	考核值	
					5.48	准入值	
山西	2008	酒的制造	啤酒	m³/t	9.0	生产工艺:发酵,生产原料:大麦、啤酒花	
湖北	2003	啤酒		m³/t	9.6	5 万 t 以上	
					17.5	5 万 t 以下	
河南	2009	酒制造业	啤酒	m³/t	6		

标准/省市	年份	指标/行业类别		定额单位	定额值	备注
黑龙江	2010	酒的制造	啤酒	m³/kL	7.2	2001 年 1 月 1 日起新、改扩建的啤酒制造厂,自正式投产(验收)日起
					9.5	2001 年 1 月 1 日前建成投产的啤酒制造厂
			麦芽	m³/t	7.2 ~ 12	
江苏	2010	酒的制造	啤酒制造 麦芽	m³/t	10	
			啤酒	m³/t	9	2001 年后新建和改扩建的啤酒厂
				m³/t	9.5	2001 年 1 月 1 日前建成的啤酒厂
上海	2010	饮料	啤酒	m³/t	5.30	
浙江	2004	啤酒制造	啤酒	m³/kL	12 ~ 15	
安徽	2007	酒的制造	啤酒	m³/kL		GB/T 18916.6
福建	2007	啤酒制造	啤酒	m³/kL	9 ~ 16	
广东	2007	酒精及饮料制造业	啤酒	m³/kL		GB/T 18916.6
广西	2010	啤酒制造	啤酒	m³/kL	≤8.0	
海南	2008	啤酒制造	啤酒	m³/t	15	
重庆	2007	酒精及饮料酒制造业	啤酒	m³/t	18	
湖南	2008	饮料酒制造业	啤酒	m³/t	7	
吉林	2010	酒的制造	啤酒	m³/t	4 ~ 6	2001 年 1 月 1 日起新、改扩建的啤酒制造厂,自正式投产(验收)日起
					6 ~ 9.5	2001 年 1 月 1 日前建成投产的啤酒制造厂
江西	2011	酒的制造	啤酒	m³/kL	9.5	
山东	2010	啤酒制造	啤酒	m³/t	7.1	

续表

标准/省市	年份	指标/行业类别		定额单位	定额值	备注
四川	2010	酒的制造业	啤酒	m^3/t	9	2001 年 1 月 1 日起新、改扩建的啤酒制造厂
				m^3/t	9.5	2001 年 1 月 1 日前建成投产的啤酒制造厂
贵州	2011	酒的制造	啤酒	m^3/t	10	
云南	2006	酒的制造	啤酒	m^3/t	18.0	
陕西	2004	啤酒制造	啤酒	m^3/kL	11.0	
甘肃	2011	啤酒制造	啤酒	m^3/kL	9	GB/T 18916.6
				m^3/kL	9.5	
			啤酒麦芽	m^3/t	10.5	
青海	2009	啤酒制造	啤酒	m^3/kL	9.0	2001 年 1 月 1 日起新、改扩建的啤酒制造厂,自正式投产(验收)日起
					9.5	2001 年 1 月 1 日前建成投产的啤酒制造厂
宁夏	2005	啤酒制造业	啤酒	m^3/t	18	
新疆	2007	酒精及饮料酒制造业	啤酒	m^3/t	6.00	

通过对比,国家标准、行业标准和地方标准存在以下差异。

1. 分类尺度不同

国家标准中只对啤酒制定了取水定额值,指标分为现有企业和新建企业两级。

行业标准中也只对啤酒制定了取水定额值,指标分为一、二、三级。

地方标准中的分类方式主要有两种:

(1)只有啤酒一类产品;

(2)分为啤酒和麦芽两类。

有 10 项地方标准将指标分为了现有企业和新建企业两级,湖北省地方标准根据企业规模将指标分为了 5 万 t 以上和 5 万 t 以下两级。

2. 定额值不同

国家标准和行业标准中定额指标单位为 m^3/kL,而地方标准中有 16 项的定额指标单位为 m^3/t。

国家标准中现有企业千升啤酒取水量为 6.0m³/kL,行业标准中的三级指标为 9.5m³/kL,地方标准中最低的为 5.3m³/t,最高的为 18m³/kL。其中低于国家标准的有 2 项,分别是河北和上海;与国家标准一致的有 4 项;其余均低于国家标准的要求。

第七节　酒精制造

一、行业发展及用水情况

酒精行业是国民经济重要的基础原料产业,广泛应用于食品工业、化学工业、日用化工、医药卫生等领域,随着经济的发展和科学技术的进步,酒精行业也取得了快速的发展,生产技术水平和产量也逐年提升。据调研,不同企业生产酒精的取水量各不相同,先进企业与落后企业吨酒精取水量相差甚远,因此制定酒精行业取水定额标准十分重要。2008—2012 年我国酒精产量见表 4-19。

表 4-19　2008—2012 年我国酒精产量

年份	2008	2009	2010	2011	2012
产量/万 kL	684	731	829	834	821

淀粉质原料发酵生产酒精是我国生产酒精的主要方法,以玉米、薯干、木薯等含有淀粉的农产品为主要原料,经蒸煮、糖化工艺将淀粉转化为糖,再经发酵生产酒精。糖蜜原料发酵生产酒精是以制糖生产工艺排除的废糖蜜为原料,经稀释并添加营养盐,再进一步发酵生产酒精。其生产工艺包括稀糖液制备、酒母培养、发酵、蒸馏等。

酒精行业取水主要用于:

(1)原料拌料用水,吨酒精约需 3t 原料(谷物、薯类),每吨原料约需生产工艺用水 2m³ ~ 3m³;

(2)酒母或活性干酵母配制种子液用水,吨酒精约需 0.3m³ ~ 3m³;

(3)酒精生产各种设备(拌料罐、蒸煮罐、酒母罐、糖化罐、发酵罐、蒸馏罐、各种管道,车间地面等)的洗涤水和冲洗水,吨酒精约需 0.5m³ ~ 2m³;

(4)冷却水,蒸煮醪冷却进行糖化,糖化后冷却用于发酵,以及将酒精蒸汽冷凝与冷却到酒精液体等,吨酒精约需冷却水 6m³ ~ 50m³,冷却水重复利用率对该部分取水量影响较大。

二、取水定额国家标准应用

酒精制造业是用水大户,为指导该行业节约用水,2004 年 3 月 8 日 GB/T 18916.7—2004《取水定额　第 7 部分:酒精制造》正式发布。自该标准实施以来,酒精制造业用水量每年都有大幅下降,原有的酒精取水定额标准指标已经不能适应行业的发展要求,为了鼓励和促进啤酒制造业节水和工业技术进步,体现先进性,2010 年开始对该标准进行修订,并于 2014 年 6 月正式发布 GB/T 18916.7—2014《取水定额　第 7 部分:酒精制造》。

（一）相关内容释义

酒精制造是指以谷类、薯类或糖蜜等为原料，经发酵、蒸馏而制成食用酒精、工业酒精、燃料乙醇的生产过程。

酒精制造取水量的供给范围包括主要生产、辅助生产（包括机修、锅炉、空压站、污水处理站、循环冷却系统、检验、化验、运输等）和附属生产（包括办公、绿化、厂内食堂和浴室、卫生间等）三个生产过程的取水量。不包括综合利用产品生产的取水量（如二氧化碳回收、生产蛋白饲料等）。

主要生产取水量：

以谷类、薯类为原料生产酒精，其生产取水量指从原料、拌料、蒸煮、液化、糖化、蒸馏至酒精产品生产全过程取的水量。

以糖蜜为原料生产酒精，其生产取水量指从糖蜜稀释、配制培养盐、发酵、蒸馏至酒精产品生产全过程所取的水量。

以上述工艺生产得到的燃料乙醇，其生产取水量除指生产全过程外，还包括酒精脱水、吸附剂再生在内的取水量。

（二）主要修订内容

1.产品范围和分类

酒精生产的主要原料有谷类、薯类和糖蜜，通过对酒精生产企业用水情况调查，以玉米等谷类以及薯类为原料进行酒精生产的企业单位产品取水量较低，以糖蜜为原料进行酒精生产的企业单位产品取水量较高。因此在标准修订时按生产酒精的原料不同分别制定了定额值。

修订后的标准增加了先进企业的取水定额指标，作为鼓励和引导性指标，不做为考核要求。

2.定额值

在标准修订过程中，对24家主要的酒精生产企业进行了调研，此24家酒精生产企业的酒精年产量约占行业总产量的53.3%。将调研所得数据进行整理分析，计算出行业取水指标完成的算术平均数（以谷类、薯类为原料进行酒精生产的企业单位产品取水量平均值为15.4m^3/kL，以糖蜜为原料进行酒精生产的企业单位产品取水量平均值为32.4 m^3/kL），以此作为制定取水定额指标的依据。

根据行业调研情况，以谷类、薯类为原料进行酒精生产的企业单位产品取水量小于10m^3/kL的企业有5家，占总调研企业数量的26.3%；小于15m^3/kL的企业共有11家，占总调研企业数量的57.9%；取水量小于25m^3/kL的企业共有16家，占总调研企业数的84.2%。

以糖蜜为原料进行酒精生产的企业单位产品取水量小于25m^3/kL的企业有1家，占总调研企业数量的20%；取水量小于30m^3/kL的企业有3家，占总调研企业数量的60%，有2家企业取水量超过30m^3/kL。

根据企业调研情况，综合行业发展现状并广泛征求专家意见，最终确定修订后的取水定额值见表4－20。以糖蜜为原料制造酒精为例，修订后千升酒精取水量为30 m^3/kL，修订前的吨酒精取水量为50m^3/t，降低了40%。

表 4－20　GB/T 18916.7—2004 与 GB/T 18916.7—2014 定额指标对比

分类	GB/T 18916.7—2004	GB/T 18916.7—2014	
	吨酒精取水量/(m³/t)	千升酒精取水量/(m³/kL)	
现有企业(B 级)	≤50	谷类、薯类	25
		糖蜜	30
新建企业(A 级)	≤40	谷类、薯类	15
		糖蜜	
先进企业	—	谷类、薯类	10
		糖蜜	

注:以上为生产1kL 96%(体积分数)酒精的指标。

三、定额指标对比分析

目前,全国共有 24 个省市制定了酒精制造用水定额,国家标准中则有 GB/T 18916.7—2014《取水定额　第 7 部分:酒精制造》,行业标准中有 HJ 581—2010《清洁生产标准　酒精制造业》。具体指标见表 4 – 21。

表 4 –21　国家标准、行业标准及各地用水定额标准汇总

标准/省市	年份	指标/行业类别		定额单位	定额值	备注	
GB/T 18916.7—2014《取水定额　第 7 部分:酒精制造》	2014	酒精制造		m³/kL	25	谷类、薯类	现有企业
					30	糖蜜	
					15	谷类、薯类	新建企业
						糖蜜	
					10	谷类、薯类	先进企业
						糖蜜	
HJ 581—2010《清洁生产标准　酒精制造业》	2010	酒精制造		m³/kL	≤10	一级	谷类、薯类
					≤20	二级	
					≤30	三级	
					≤10	一级	糖蜜
					≤40	二级	
					≤50	三级	
河北	2009	酒精制造	酒精	m³/t	21.00	考核值	
					18.00	准入值	
山西	2008	酒精制造	酒精	m³/t	40	生产工艺:发酵,生产规模:小型	
内蒙古	2009	酒精制造	酒精	m³/t	30	原料为玉米	
					30	原料为薯类	
					20	原料为糖蜜	

标准/省市	年份	指标/行业类别		定额单位	定额值	备注
辽宁	2008	酒精制造	酒精	m³/t	40	1998年1月1日起新、扩、改建成投产的企业或生产线,综合定额
					50	1998年1月1日前建成投产的企业或生产线综合定额
吉林	2010	酒精制造	酒精	m³/t	≤40	GB/T 18916.7
					≤50	GB/T 18916.7
黑龙江	2010	酒精制造	酒精	m³/t	≤40	A级:1998年1月1日后新、扩、改建成投产的企业或生产线
					≤50	B级:1997年12月31日前建成投产的企业或生产线
江苏	2010	酒精制造	酒精	m³/t	≤40	1998年以后新、改、扩建的企业
					≤50	1998年以前建成的企业
安徽	2007	酒精制造	酒精	m³/t		按GB/T 18916.7执行
江西	2011	酒精制造	酒精	m³/t	50	
山东	2010	酒精制造	酒精	m³/t	22.0	
河南	2009	酒精制造业	酒精	m³/t	25	
湖南	2008	酒精制造业	酒精	m³/t	40	
广东	2007	酒精及饮料酒制造业	酒精			按GB/T 18916.7
广西	2010	酒精制造	酒精	m³/t	≤75.0	
海南	2008	酒精制造	酒精	m³/t	100	
重庆	2007	酒精及饮料酒制造业	酒精	m³/t	21	
四川	2010	酒精制造业	酒精	m³/t	20.0	
贵州	2011	酒精制造	酒精	m³/t	50	
云南	2006	酒精制造	酒精	m³/t	180.0	
陕西	2004	酒精制造	发酵酒精	m³/t	90.0	
甘肃	2011	酒精制造	酒精	m³/t	≤40	A级　GB/T 18916.7
					≤50	B级

标准/省市	年份	指标/行业类别	定额单位	定额值		备注
青海	2009	酒精制造	酒精	m³/t	≤40　A级	1. 1998年1月1日后新、扩、改建成投产的企业或生产线执行A级;2. 1997年12月31日前建成投产的企业或生产线执行B级
					≤50　B级	
宁夏	2005	酒精制造业	酒精	m³/t	50	
新疆	2007	酒精及饮料酒制造业	食用酒精	m³/t	21.33	

通过对比,国家标准、行业标准和地方标准存在以下差异。

1. 分类尺度不同

国家标准中将酒精制造按照原料不同分为以谷类、薯类为原料和以糖蜜为原料两类,指标分为现有企业、新建企业和先进企业三级。

行业标准中也将酒精制造按照原料不同分为以谷类、薯类和糖蜜为原料三类,指标分为一、二、三级。

地方标准中只有内蒙古自治区将酒精制造按照以玉米、薯类和糖蜜为原料三类,其余均只针对酒精制定了定额值。有9项地方标准将指标分为了现有企业和新建企业两级,其余均只有一级指标。

2. 定额值不同

国家标准和行业标准中酒精制造单位产品取水量的单位均为m³/kL,而地方标准中的单位均为m³/t。由于kL是体积单位,t是质量单位,酒精为液体,所以以体积单位进行度量更为合理。

国家标准中现有企业酒精制造的取水定额值为25m³/kL(谷类、薯类为原料)和30m³/kL(糖蜜为原料),行业标准中酒精制造单位产品取水量三级指标为30m³/kL(谷类、薯类为原料)和50m³/kL(糖蜜为原料)。地方标准中,酒精制造单位产品取水量最小为20m³/t,最大为180m³/kL,差别很大。严于国家标准要求的有5项,其余均低于国家标准要求。

第八节　味精制造

一、行业发展及用水情况

味精行业是食品与发酵行业用水较多的行业之一,随着味精行业生产水平的提高,味精产量逐年上升。2013年,全国味精产量为230万吨,由于企业实行了阶段性的生产结构调整,总产量比 2012 年减少 5%。规模以上谷氨酸发酵生产企业有 6 家。2008—2013 年我国味精行业年产量见图 4-5,该行业已成为我国发酵工业的主要行业。

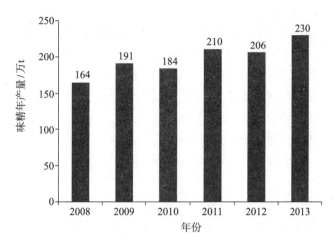

图 4-5　2008—2013 年我国味精产量

数据来源:中国生物发酵产业协会

国内外味精的生产方法分为水解提取法、合成法和发酵法三大类。现在水解提取法(蛋白质水解法和甜菜废糖蜜中提取法)与合成法已经停用,目前世界生产味精的厂商都采用发酵法生产味精。味精的生产工艺过程主要包括原料处理、液化、糖化、发酵、分离与提取等过程。味精生产设备由淀粉、糖化、空气净化、发酵、提取、中和脱色、结晶干燥和包装等专用设备以及通用设备组成。

味精用水的生产工序主要包括糖化工序用水(配料用水、液化液冷却用水)、发酵配料用水、培养基灭菌冷却用水、发酵过程冷却用水、谷氨酸提取工序用水、中和脱色工序用水(配料用水、洗炭柱及炭柱再生用水)、精制工序用水(结晶过程用水、结晶冷却水)、动力工序用水。其中各冷却水用量较高约占整个生产过程水的三分之二。

2013 年我国味精行业吨味精取水量平均约为 30m³/t,比 2008 年的 92m³/t 降低了67.39%。味精行业是食品发酵行业中取水量较大的行业,且先进企业与落后企业吨味精取水量相差甚远,因此制定味精行业取水定额标准十分重要。2008—2013 年味精行业取水指标见表 4-22。

表 4-22　2008—2013 年味精行业取水指标

年份	2008	2009	2010	2011	2012	2013
吨味精取水量/(m³/t)	92	90	85	35	32	30

二、取水定额国家标准应用

味精制造业是用水大户,为指导该行业节约用水,2006 年 8 月 22 日 GB/T 18916.9—2006《取水定额　第 9 部分:味精制造》正式发布。自该标准实施以来,味精制造业用水量每年都有大幅下降,原有的味精取水定额标准指标已经不能适应行业的发展要求,为了鼓励和促进味精制造业节水和工业技术进步,体现先进性,2010 年开始对该标准进行修订,并于2014年6月正式发布GB/T 18916.9—2014《取水定额　第9部分:味精制造》。

（一）相关内容释义

味精制造即谷氨酸钠制造,是指以淀粉质、糖质为原料,经微生物(谷氨酸棒杆菌等)发酵、提取、中和、结晶,制成具有特殊鲜味白色结晶或粉末的生产过程。

味精制造取水量的供给范围包括三个生产过程的取水量,具体如下:

（1）主要生产:以淀粉质、糖质为原料,经微生物发酵、提取、中和、结晶,制成味精(质量分数为99%的谷氨酸钠)的生产全过程;

（2）辅助生产:机修、锅炉、空压站、污水处理站、检验、化验、综合利用、运输等;

（3）附属生产:办公、绿化、厂内食堂和浴室、卫生间等。

（二）主要修订内容

修订后的标准增加了先进企业的取水定额指标,作为鼓励和引导性指标,不做为考核要求。

修订过程中,对味精行业内6家规模以上企业进行了取水情况的调研,单位产品取水量最低的为22.8m³/t,最高的为98m³/t,算术平均为42.15m³/t,二次平均为34.18m³/t。以此作为制定取水定额指标、考核各工厂节水水平的依据。考虑到行业整体和其他生产企业的情况,同时广泛征求专家和行业的意见,经过反复论证之后,确定了最终的取水定额指标值。

修订前后取水定额指标值对比见表4-23。修订后现有企业吨味精取水量为50m³/t,修订前为150m³/t,降低了66.67%。

表4-23　GB/T 18916.9—2006与GB/T 18916.9—2014定额指标对比

分类	吨味精取水量/（m³/t）	
	GB/T 18916.9—2006	GB/T 18916.9—2014
现有企业（B级）	≤150	50
新建企业（A级）	≤80	30
先进企业		25

三、定额指标对比分析

目前,全国共有23个省市制定了味精制造用水定额,国家标准中则有GB/T 18916.9—2014《取水定额　第9部分:味精制造》,行业标准中有HJ 444—2008《清洁生产标准　味精工业》。具体指标见表4-24。

通过对比,国家标准、行业标准和地方标准存在以下差异。

1. 分类尺度不同

国家标准中将味精制造取水定额指标分为现有企业、新建企业和先进企业三级。行业标准中分为一、二、三级。而地方标准中有6项将定额指标分为现有企业和新建企业两级,其余均只有一级指标。重庆地方标准中将味精制造分为散粉生产和麸酸生产两类。

表 4 – 24　国家标准、行业标准及各地用水定额标准汇总

标准/省市	年份	指标/行业类别	定额单位	定额值	备注	
GB/T 18916.9—2014《取水定额　第 9 部分:味精制造》	2014	味精制造	m³/t	50	现有企业	
				30	新建企业	
				25	先进企业	
HJ 444—2008《清洁生产标准　味精工业》	2008	味精制造	m³/t	≤55	一级	
				≤60	二级	
				≤65	三级	
天津	2003	食品加工及制造业	味精	m³/t	295.39 ~ 319.91	
河北	2009	调味品、发酵制品制造业	味精	m³/t	30.00	考核值	生产工艺为发酵
					22.00	准入值	
山西	2008	调味品制造业	味精	m³/t	120	生产工艺:发酵 生产规模:中型	
内蒙古	2009	味精制造	味精	m³/t	65		
辽宁	2008	味精制造	味精	m³/t	80	2004 年 1 月 1 日起新、扩、改建成的企业或生产线	
					120	2004 年 1 月 1 日前建成投产的企业或生产线	
吉林	2010	调味品、发酵制品制造	味精	m³/t	≤80	按 GB/T 18916.9	
					≤150		
黑龙江	2010	调味品、发酵制品制造	味精	m³/t	≤80	A 级:2004 年 1 月 1 日起新、扩、改建成的企业或生产线	
					≤150	B 级:2004 年 1 月 1 日前建成投产的企业或生产线	
江苏	2010	味精制造	味精	m³/t	80		
浙江	2004	味精制造	味精	m³/t	210 ~ 260		
江西	2011	调味品、发酵制品制造	味精	m³/t	80		
山东	2010	味精制造	味精	m³/t	18.0		
河南	2009	调味品、发酵制品制造业	味精	m³/t	30		

标准/省市	年份	指标/行业类别		定额单位	定额值	备注
湖北	2003	味精		m³/t	255	
湖南	2008	调味品制造业		味精 m³/t	160	
广东	2007	调味品、发酵制品制造业		味精 m³/t	180~230	
广西	2010	味精制造		味精 m³/t	≤60.00	
海南	2008	味精制造		味精 m³/t	261	
重庆	2007	调味品制造业	味精	m³/t	5	散粉生产
				m³/t	43	麸酸生产
四川	2010	调味品、发酵制品制造	味精	m³/t	80.0	2004 年 1 月 1 日起新、扩建企业或生产线
					100.0	2003 年 12 月 31 日前建成投产的企业或生产线
云南	2006	调味品、发酵制品制造	味精	m³/t	150.0	
青海	2009	味精制造	味精	m³/t	80 A 级	1. 2004 年 1 月 1 日起新、扩建企业或生产线执行 A 级；2003 年 12 月 31 日前建成投产的企业或生产线执行 B 级；2. 本定额未考虑工艺过程中采用直流冷却水的取水指标
				m³/t	150 B 级	
宁夏	2005	味精制造业	味精	m³/t	160	
新疆	2007	发酵制品业	味精	m³/t	96.08	

2. 定额值不同

国家标准中现有企业吨味精取水量为 $50m^3/t$，行业标准中三级指标为 $65m^3/t$。地方标准中定额值最小的为 $5m^3/t$（重庆，散粉生产），最大的为 $319.91m^3/t$，差异很大。其中严于国家标准要求的有 4 项，其余均低于国家标准的要求。

第九节　选　煤

一、行业发展及用水情况

选煤行业是一个与国民经济发展和社会文明建设息息相关的产业，在国民经济中占有一定的比重。"十一五"期间，我国原煤入洗能力从 7.5 亿 t/a 增加到 17.8 亿 t/a 左右，原煤入选量从 2005 年的 7.03 亿 t 增长到 2010 年的 16.5 亿 t，净增 9.47 亿 t，增长了 135% 。原煤入选率从长期徘徊在 30% 左右增长到 2010 年的 50.9% ，提高了 20 百分点。建成投产的选煤厂 1800 多座。"十一五"期间煤炭洗选加工技术和装备取得了世界瞩目的成就。科技创新特别是自行研制开发的新技术、新装备进一步得到大面积推广应用，推动了我国煤炭洗选加工业的快速发展，我国选煤技术、工艺、设计、建设、运行管理已经进入世界强国行列。

虽然选煤行业的总体耗水量并不很大，但我国是一个水资源贫乏的国家，属于世界上严重缺水的国家之一，人均水资源拥有量约为 $2100m^3$，仅为世界人均占有量的 28% 。水资源短缺已经成为制约我国经济和社会发展的重要因素。加之，当前我国经济正处于快速增长期，用水需求将持续大幅度增加，水资源供需矛盾将更加突出。因此，选煤行业也应把节水工作摆到可持续发展的重要位置上来。

二、取水定额国家标准的应用

为指导选煤行业节水工作，2012 年 GB/T 18916.11—2012《取水定额　第 11 部分：选煤》正式发布。

（一）相关内容释义

选煤厂采用湿法分选工艺每加工 1t 原煤，需要从各种常规水资源提取的水量。取水定额指标是对单位入洗原煤量而言的，在选煤过程的处理量中，存在"入洗原煤量"和"入厂原煤量"两个概念，标准中使用的是"入洗原煤量"的概念。入洗原煤量只包括进入湿法工艺洗选系统进行处理的原煤量，不包括只经筛分、破碎处理而未进入洗选系统的原煤量。比如，某选煤厂处理的全部入厂原煤量是每年 1000 万 t，其中，每年入洗的选煤量只有 600 万 t。

选煤生产取水量供给范围，包括以下三方面：

（1）主要生产：跳汰、重介、浮选等湿法选煤工艺，不包括风选等干法选煤工艺；

（2）辅助生产：真空泵、空气压缩机等设备的冷却循环水的补充水，锅炉的补充水，水泵轴封水、除尘用水、地面冲洗水和室外储煤场洒水抑尘喷枪的用水等；

（3）附属生产：厂区办公化验楼、浴室、食堂、公共卫生间、绿化、绕洒道路等。

（二）主要内容

根据行业和企业调研,影响单位入洗原煤取水量指标的因素主要从以下几方面考虑。

1. 选煤厂类型

选煤厂的类型[即非炼焦煤选煤厂(主要以动力煤选煤厂为主)和炼焦煤选煤厂]影响着入洗原煤取水量指标。在其他条件相同的情况下,炼焦煤选煤厂的指标值会略大于非炼焦煤选煤厂(主要以动力煤选煤厂为主)的指标值。

2. 选煤工艺和分选粒度

通过对比分析选煤工艺和分选粒度两种因素对单位入洗原煤取水量的影响,发现分选粒度对单位入洗原煤取水量指标的影响远大于选煤工艺方法(如重介、跳汰、浮选等)的影响。细粒煤所带走的水分大于粗粒煤所带走的水分,粒度越细,带走的水分越多。而选煤工艺方法所影响的主要是选煤过程的循环水量大小,一般而言,跳汰工艺的循环水量比重介工艺的要大。对非炼焦选煤厂,分选粒度按"50mm""25mm""13mm"和"0mm"四种情况考虑。对炼焦煤选煤厂,只按分选粒度为"0mm"一种情况考虑。

3. 入洗规模

入洗规模(即年入洗原煤量)也是一个重要的影响因素,"入洗规模"越大,单位入洗原煤取水量指标会相对越小。关于"入洗规模"的分挡,主要根据目前规模普遍较大的情况,分为 $< 120 \times 10^4 t$、$120 \times 10^4 t \sim 500 \times 10^4 t$、$500 \times 10^4 t \sim 1000 \times 10^4 t$ 和 $> 1000 \times 10^4 t$ 四挡。其中,最小一挡和次挡的分界值 $120 \times 10^4 t$ 与 GB 50359—2005《煤炭洗选工程设计规范》的表 2.0.1 "设计生产能力"中的大型选煤厂的下限值保持一致。

选煤厂的单位入洗原煤取水量定额指标由主要和辅助生产与附属生产的单位入洗原煤取水量定额指标叠加而得。

对非炼焦煤选煤厂,其主要和辅助生产的单位入洗原煤取水量定额指标的下限值考虑调研数据及有关参考数据,并在征求业内有关人士的意见后,经研究确定取值 $0.05 m^3 /$ (t·入洗原煤),即" $> 10.00 Mt/a$ "和"50mm"所对应的定额是 $0.05 m^3 /$ (t·入洗原煤)。并根据定额指标随入洗规模的增大而减小,随分选粒度的减小而增大的规律,逐步制定出与 4 个入洗下限——"50mm""25mm""13mm"和"0mm"和 4 个年入洗原煤量(Mt/a)——" > 10.00 ""$10.00 \sim 5.00$ ""$< 5.00 \sim 1.20$ "和" < 1.20 "的排列组合相对应的定额指标数据。

鉴于炼焦煤选煤厂的相应数据会大一些,并考虑调研数据及有关参考数据,并在征求业内有关人士的意见后,炼焦煤选煤厂的主要和辅助生产的单位入洗原煤取水量定额指标的下限值最终确定为 $0.1 m^3 /$ (t·入洗原煤),即" $> 10.00 Mt/a$ "和"0mm"所对应的主要和辅助生产的单位入洗原煤取水量定额指标是 $0.1 m^3 /$ (t·入洗原煤)。

附属生产的单位入洗原煤取水量定额指标是根据对业主的调查数据和劳动定额人数所对应的生活用水量、绿化等用水量综合确定的。需要说明的是,超过设计劳动定额人数所对应的生活用水量不在考虑范围内。

单位入洗原煤取水量定额指标见表 4-25。

表 4 - 25 GB/T 18916.11—2012 单位入洗原煤取水量定额指标　　　m³/t

年入洗原煤量/（Mt/a）	入洗下限 50mm	入洗下限 25mm	入洗下限 13mm	入洗下限 0mm	备注
> 10.00	0.065	0.075	0.085	0.105	非炼焦煤选煤厂
	0.050	0.060	0.070	0.090	非炼焦煤选煤厂主要和辅助生产
	0.015				非炼焦煤选煤厂附属生产
	0.115				炼焦煤选煤厂
	0.100				炼焦煤选煤厂主要和辅助生产
	0.015				炼焦煤选煤厂附属生产
10.0 ~ 5.00	0.075	0.085	0.095	0.115	非炼焦煤选煤厂
	0.055	0.065	0.075	0.095	非炼焦煤选煤厂主要和辅助生产
	0.020				非炼焦煤选煤厂附属生产
	0.125				炼焦煤选煤厂
	0.105				炼焦煤选煤厂主要和辅助生产
	0.020				炼焦煤选煤厂附属生产
5.00 ~ 1.20	0.085	0.095	0.105	0.125	非炼焦煤选煤厂
	0.060	0.070	0.080	0.100	非炼焦煤选煤厂主要和辅助生产
	0.025				非炼焦煤选煤厂附属生产
	0.135				炼焦煤选煤厂
	0.110				炼焦煤选煤厂主要和辅助生产
	0.025				炼焦煤选煤厂附属生产
< 1.20	0.095	0.105	0.115	0.135	非炼焦煤选煤厂
	0.065	0.075	0.085	0.105	非炼焦煤选煤厂主要和辅助生产
	0.030				非炼焦煤选煤厂附属生产
	0.145				炼焦煤选煤厂
	0.115				炼焦煤选煤厂主要和辅助生产
	0.030				炼焦煤选煤厂附属生产

三、定额指标对比分析

目前,全国共有 25 个省市制定了选煤行业的用水定额,国家标准中则有 GB/T 18916.11—2012《取水定额　第 11 部分:选煤》。具体指标见表 4-26。

表 4-26　国标及各地用水定额标准汇总

标准/省市	年份	行业类别/指标			定额单位	定额值	备注
GB/T 18916.11—2012《取水定额 第 11 部分:选煤》	2012	选煤	(非炼焦煤选煤厂的单位入选煤取水量定额指标)年入选煤量	>10.00Mt/a	m³/t	0.065	入洗下限 50mm
						0.075	入洗下限 25mm
						0.085	入洗下限 13mm
						0.105	入洗下限 0mm
				10.00Mt/a ~ 5.00Mt/a		0.075	入洗下限 50mm
						0.085	入洗下限 25mm
						0.095	入洗下限 13mm
						0.115	入洗下限 0mm
				5.00Mt/a ~ 1.20Mt/a		0.085	入洗下限 50mm
						0.095	入洗下限 25mm
						0.105	入洗下限 13mm
						0.125	入洗下限 0mm
				<1.20Mt/a		0.095	入洗下限 50mm
						0.105	入洗下限 25mm
						0.115	入洗下限 13mm
						0.135	入洗下限 0mm
			(非炼焦煤选煤厂主要和辅助生产的单位入选煤取水量定额指标)年入洗原煤量	>10.00Mt/a	m³/t	0.050	入洗下限 50mm
						0.060	入洗下限 25mm
						0.070	入洗下限 13mm
						0.090	入洗下限 0mm
				10.00Mt/a ~ 5.00Mt/a		0.055	入洗下限 50mm
						0.065	入洗下限 25mm
						0.075	入洗下限 13mm
						0.095	入洗下限 0mm
				5.00Mt/a ~ 1.20Mt/a		0.060	入洗下限 50mm
						0.070	入洗下限 25mm
						0.080	入洗下限 13mm
						0.100	入洗下限 0mm

续表

标准/省市	年份	行业类别		定额单位	定额值	备注
GB/T 18916.11—2012《取水定额第11部分:选煤》	2012	选煤	（非炼焦煤选煤厂主要和辅助生产的单位入选煤取水量定额指标）年入洗原煤量	<1.20Mt/a	m³/t	0.065	入洗下限50mm
						0.075	入洗下限25mm
						0.085	入洗下限13mm
						0.105	入洗下限0mm
			（炼焦煤选煤厂的单位入洗原煤取水量定额指标）年入洗原煤量	>10.00Mt/a	m³/t	0.115	入洗下限50mm
				10.00Mt/a~5.00Mt/a		0.125	入洗下限25mm
				5.00Mt/a~1.20Mt/a		0.135	入洗下限13mm
				<1.20Mt/a		0.145	入洗下限0mm
			（炼焦煤选煤厂主要和辅助生产的单位入洗原煤取水量定额指标）年入洗原煤量	>10.00Mt/a	m³/t	0.100	入洗下限50mm
				10.00Mt/a~5.00Mt/a		0.105	入洗下限25mm
				5.00Mt/a~1.20Mt/a		0.110	入洗下限13mm
				<1.20Mt/a		0.115	入洗下限0mm
			（炼焦煤选煤厂附属生产的单位入洗原煤取水量定额指标）年入洗原煤量	>10.00Mt/a	m³/t	0.015	入洗下限50mm
				10.00Mt/a~5.00Mt/a		0.020	入洗下限25mm
				5.00Mt/a~1.20Mt/a		0.025	入洗下限13mm
				<1.20Mt/a		0.030	入洗下限0mm
内蒙古	2009	烟煤和无烟煤的开采洗选	原煤	m³/t	0.2	井工煤矿
					0.3	露天煤矿
			煤洗选	m³/t	0.12	
		褐煤的开采洗选	原煤	m³/t	0.2	井工煤矿
					0.3	露天煤矿
			煤洗选	m³/t	0.15	

续表

标准/省市	年份	行业类别		定额单位	定额值	备注
辽宁	2008	烟煤和无烟煤的开采洗选	煤开采	m³/t	0.6	2000年1月1日前建成投产的企业或生产线,生产方式:井下开采
					0.4	2000年1月1日起新、扩、改建成投产的企业或生产线,生产方式:井下开采
			煤洗选	m³/t	0.25	2000年1月1日前建成投产的企业或生产线
					0.15	2000年1月1日起新、扩、改建成投产的企业或生产线
河北	2009	煤炭开采和洗选业	原煤	m³/t	0.70	考核值
				m³/t	0.50	准入值
			洗煤	m³/t	0.23	考核值
				m³/t	0.18	准入值
河南	2009	煤炭开采业	矿井采煤	m³/t	0.3	≥1.5×10⁶t/a
					0.4	<1.5×10⁶t/a
					3.4	水采
			建井施工	m³/岩·m	0.8	
		煤炭洗选业	入洗原煤	m³/t	0.1	
江苏	2010	煤炭采选业	煤炭	m³/t	0.75	
		煤炭洗选业	选煤	m³/t	0.25	
山西	2008	烟煤、无烟的开采洗选业	烟煤、无烟煤	m³/t	0.25	生产工艺:综采 生产规模:大型
					0.02	生产工艺:露天开采。仅适用于平朔露天矿
			洗精煤	m³/t	0.1	

续表

标准/省市	年份	行业类别		定额单位	定额值	备注
云南	2006	烟煤和无烟煤的开采洗选	烟煤和无烟煤的开采洗选	m³/t	0.9	15万t/a及以上
				m³/t	1.2	21万t/a~30万t/a
				m³/t	1.1	45万t/a~60万t/a
				m³/t	1.0	60万t/a及以上
		褐煤的开采洗选	褐煤的开采洗选	m³/t	1.1	60万t/a及以下
				m³/t	0.7	60万t/a~150万t/a
				m³/t	0.5	150万t/a及以上
		其他煤炭采选	洗精煤	m³/t	0.9	30万t/a及以下
				m³/t	0.8	60万t/a
				m³/t	0.6	90万t/a及以上
安徽	2007	烟煤和无烟煤的开采洗选	采煤	m³/t	0.6~0.9	
			洗煤	m³/t	0.5~0.8	
福建	2007	烟煤和无烟煤的开采洗选	采煤	m³/t	0.6~1.0	
			洗煤	m³/t	2~3	
广东	2007	烟煤和无烟煤的开采洗选	煤	m³/t	2.00~3.50	矿井开采
			煤	m³/t	0.600~1.00	露天开采
广西	2010	烟煤和无烟煤的开采洗选	原煤	m³/t	≤0.2	采矿,井工煤矿
					≤0.3	采矿,露天煤矿
海南	2008	烟煤和无烟煤的开采洗选	原煤	m³/t	1	
			洗煤	m³/t	0.3	
重庆	2007	煤炭开采业	煤炭	m³/t	1.2	

标准/省市	年份	行业类别		定额单位	定额值	备注
湖南	2008	煤炭开采业	原煤（矿井开采）	m³/t	3	
			洗煤（露天开采）	m³/t	1	
吉林	2010	煤炭开采和洗选	烟煤和无烟煤的开采洗选	m³/t	0.8	
黑龙江	2010	烟煤和无烟煤的开采洗选	洗选煤	m³/t	0.05~0.1	采用闭路循环水洗煤工艺，接近零排放
江西	2011	煤炭的开采和洗选业	采煤	m³/t	0.538	
			洗煤	m³/t	0.46	
山东	2010	烟煤和无烟煤的开采洗选	矿井采煤	m³/t	0.36	
			洗煤	m³/t	0.13	
四川	2010	烟煤和无烟煤的开采洗选业	采煤	m³/t	0.7	
			洗煤	m³/t	1.0	
贵州	2011	烟煤和无烟煤的开采洗选	煤的开采	m³/t	0.8	
			煤的洗选（重介或槽洗）	m³/t	0.23	
			煤的洗选（跳汰）	m³/t	0.35	
			煤的洗选（跳汰和浮选）	m³/t	0.45	
			煤的洗选（重介、跳汰和浮选）	m³/t	0.6	
陕西	2004	烟煤和无烟煤的开采洗选	原煤	m³/t	1.0	井工开采
			产值单耗	m³/万元	107.0	
		褐煤的开采洗选	洗煤	m³/t	0.8	
甘肃	2011	烟煤和无烟煤的开采洗选	煤炭	m³/t	0.34	井工煤矿
			洗精煤	m³/t	0.15	

续表

标准/省市	年份	行业类别		定额单位	定额值	备注
青海	2009	烟煤和无烟煤的开采洗选	煤炭	m³/t	0.30	井工开采
					0.40	露天开采
			洗精煤	m³/t	0.15	
宁夏	2005	煤炭开采业	原煤	m³/t	0.7	
		煤炭洗选业	洗煤	m³/t	1	
新疆	2007	煤炭开采业	洗煤	m³/t	0.18	
			采煤	m³/t	0.31	

通过对比,国家标准和地方标准存在以下方面的差异:

1. 分类尺度不同

国家标准中将选煤厂分为非炼焦煤选煤厂和炼焦煤选煤厂两类,分别按照分选粒度和入洗规模的不同进行分类,同时给出了主要和辅助生产、附属生产的取水定额,指标值只有一级。

地方标准中主要是分为原煤开采和洗选,主要的分类方式有:

(1)按照井工煤矿和露天煤矿进行分类(如广东、广西);

(2)按照入洗规模进行分类(如云南)。

地方标准中有 2 项将定额指标分为现有企业和新建企业两级,其他均只有一级指标。

2. 定额值不同

国家标准中按照分选粒度不同分为了四类,而在地方标准中没有针对分选粒度进行分类,对年入洗原煤量大于 10.00Mt 的企业,取水定额值最大为 0.105m³/t。地方标准中最小的为 0.05m³/t,最大的为 3m³/t,差别很大。其中严于国家标准要求的有四项,其余均未达到国家标准要求。

第十节　氧化铝生产

一、行业发展及用水情况

自 2001 年开始,我国的氧化铝行业进入发展期,尤其是"十五"规划末期及"十一五"规划期间,氧化铝产业发展迈入快车道,其产量年平均增速达到 28%。据相关数据统计,2006 年我国氧化铝产量为 1325.69 万 t,到 2010 年,我国氧化铝产量实现翻一番,达到 2893.02 万 t,而在随后的 3 年时间内,氧化铝产量继续保持增长势头,2013 年我国氧化铝产量已攀升至 4437.20 万 t,是 2006 年氧化铝产量的 3.3 倍(详见图 4-6)。

按照单位氧化铝产品取水量 5m³/t 计算,2008—2013 年氧化铝行业取水量见表 4-27,这还不包括其他矿山、热电、煤气、生活区等其他辅助系统耗水量。因此,科学、合理、准

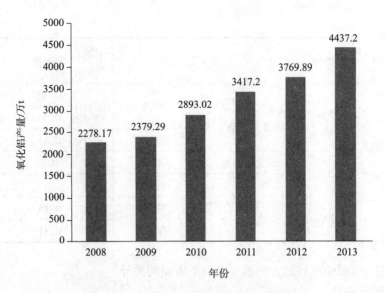

图 4 - 6　2008—2013 年我国氧化铝产量

数据来源:国家统计局

确地制定氧化铝生产取水定额对于促进氧化铝企业节水技术进步,不断提高工业用水效率,实现水资源可持续利用,支持经济社会的可持续发展,以及建设节水型社会,均具有重要的现实意义和深远的历史意义。

表 4 - 27　2008—2013 年我国氧化铝生产年取水量

年份	2008	2009	2010	2011	2012	2013
氧化铝生产年取水量/亿 m^3	1.14	1.19	1.45	1.71	1.88	2.22

二、取水定额国家标准应用

为指导选煤行业节水工作,2012 年 GB/T 18916.12—2012《取水定额　第 12 部分:氧化铝生产》正式发布。

(一)相关内容释义

国内氧化铝的生产工序主要分为拜耳法、烧结法和联合法三类:
(1)拜耳法:用苛性碱溶液溶解铝土矿生产氧化铝的方法;
(2)烧结法:用纯碱和石灰石与铝土矿等共同烧结生产氧化铝的方法;
(3)联合法:拜耳法和烧结法并用生产氧化铝的方法。

(二)主要内容

氧化铝生产的新水消耗,由于采用的生产工艺不同及矿石资源的品质、类型的差异,新水的消耗差别较大。从国外进口三水铝石型铝土矿的企业一般都采用拜耳法生产工艺,新水消耗量相对较低。国内利用一水铝石型铝土矿生产氧化铝的工艺有拜耳法、烧结法、联合法,新水的消耗各不相同,难以用一种标准来统一,因此,氧化铝生产取水定额标准按生产工艺分为拜尔法、烧结法、联合法。

通过对国内主要大型氧化铝生产企业的数据调研可知,采用拜耳法生产氧化铝的单位产品取水量平均值为 $2.25m^3/t$,采用烧结法的为 $4.6m^3/t$,采用联合法的为 $2.18m^3/t$ 。

《铝行业规范条件》(工业和信息化部〔2013〕36 号)中规定:新建拜耳法氧化铝生产系统新水消耗低于 3t/t 氧化铝,其他工艺氧化铝生产系统新水消耗低于 7t/t 氧化铝。HJ 473—2009《清洁生产标准　氧化铝业》中规定氧化铝生产企业清洁生产拜耳法工艺要求一、二级新水消耗低于 3.6t/t 氧化铝,三级新水消耗低于 4.5t/t 氧化铝;联合法生产工艺要求一级新水消耗低于 4t/t 氧化铝,二级新水消耗低于 5t/t 氧化铝,三级新水消耗低于 7t/t 氧化铝。

注:一级代表国际清洁生产先进水平,二级代表国内清洁生产先进水平,三级代表国内清洁生产基本水平。

通过对国内部分氧化铝企业的走访了解,在新水消耗方面,中铝系的氧化铝企业通过开展节能减排活动,加强新水计量管理、循环水系统局部改造、氧化铝废水全部回收利用,增加了循环水的利用效率,新水消耗相对较低。非中铝系的氧化铝企业由于建厂时间较晚,在设计时吸取一些老厂水综合利用的经验,充分考虑了循环水的重复利用问题,新水消耗也完全符合国家《铝行业准入条件》的要求和 HJ 473—2009 的指标要求。

结合企业调研、行业现状和专家意见,确定氧化铝生产的取水定额指标值如表 4 – 28 所示。

表 4 – 28　GB/T 18916.12—2012 定额指标

类别	工艺分类	单位氧化铝产品取水量/(m^3/t)
现有企业	拜耳法	3.5
	烧结法	5.0
	联合法	4.0
新建企业	拜耳法	2.5
	烧结法	4.0
	联合法	3.0
先进企业	拜耳法	1.5*
	烧结法	3.0*
	联合法	2.0*

注:* 表示国际领先水平的先进数值,不作为考核指标。

三、定额指标对比分析

目前,全国有 6 个省市制定了氧化铝生产的用水定额,国标中则有 GB/T 18916.12—2012《取水定额　第 12 部分:氧化铝生产》。行业标准中有 HJ 473—2009《清洁生产标准　氧化铝业》。具体指标见表 4 – 29。

通过对比,国家标准、行业标准和地方标准存在以下差异。

1. 分类尺度不同

国家标准中针对氧化铝生产中的三种工艺(拜耳法、烧结法和联合法)分别制定了取水定额,指标分为现有企业、新建企业和先进企业三级。

表 4 – 29　国家标准、行业标准及各地用水定额标准汇总

标准/省市	年份	行业类别	指标/产品名称	定额单位	定额值	备注	
GB/T 18916.12—2012《取水定额 第 12 部分:氧化铝 生产》	2012	氧化铝生产	氧化铝	m³/t	3.5	拜耳法	现有企业
					5.0	烧结法	
					4.0	联合法	
					2.5	拜耳法	新建企业
					4.0	烧结法	
					3.0	联合法	
					1.5	拜耳法	先进企业
					3.0	烧结法	
					2.0	联合法	
HJ 473—2009《清洁生产标准 氧化铝业》	2009	氧化铝	氧化铝	m³/t	≤3.6	一级	拜耳法
						二级	
					≤4.5	三级	
					≤4	一级	联合法
					≤5	二级	
					≤7	三级	
山西	2008	常用有色金属冶炼	氧化铝	m³/t	6.0	生产原料:铝土矿,生产;工艺:串联法(不含电厂);生产规模:大型	
内蒙古	2009	铝冶炼	氧化铝	m³/t	5	拜耳法	
				m³/t	5	烧结法	
				m³/t	5	联合法	
河南	2009	有色金属冶炼业	氧化铝	m³/t	6.0		
广西	2010	铝冶炼	氧化铝	m³/t	≤5.0		
贵州	2011	常用有色金属冶炼	氧化铝	m³/t	18		
云南	2006	常用有色金属冶炼	氧化铝	m³/t	30.0		

　　行业标准中只针对拜耳法和联合法两种工艺制定了取水定额,指标分为一、二、三级。

　　地方标准中只有内蒙古针对拜耳法、烧结法和联合法三种工艺分别制定了取水定

额,但三种工艺的定额值相同。其余地方标准只针对氧化铝生产制定取水定额而未分工艺。所有地方标准的定额指标只有一级。

2.定额值

国家标准中采用拜耳法、烧结法和联合法的现有氧化铝生产企业的取水定额分别为 $3.5m^3/t$、$5.0m^3/t$ 和 $4.0m^3/t$。

行业标准中采用拜耳法和联合法的氧化铝生产企业取水定额三级指标值分别为 $\leqslant4.5m^3/t$ 和 $\leqslant7m^3/t$,低于国家标准要求。

地方标准中氧化铝生产取水定额最低的为 $5.0m^3/t$,最高的为 $30.0m^3/t$,低于国家标准的要求。

第十一节　乙烯生产

一、行业发展及用水情况

乙烯是石油化工的基本有机原料,约有75%的石油化工产品由乙烯生产。它主要用来生产聚乙烯、聚氯乙烯、环氧乙烷/乙二醇、二氯乙烷、苯乙烯、聚苯乙烯、乙醇、醋酸乙烯等多种重要的有机化工产品。其产品广泛应用于国民经济、人民生活、国防科技等领域。乙烯工业已成为我国重要的基础原材料工业和国民经济重要产业,带动了精细化工、轻工纺织、汽车制造、机械电子、建材工业以及现代农业的发展,在经济社会众多领域发挥着积极作用。乙烯产量已成为衡量一个国家石油化工工业发展水平的标志。

我国乙烯工业发展很快,产能迅速增长,从2000年的442.2万t/a增加到2013年的1846.5万t/a,成为仅次于美国的世界第二大乙烯生产国,占全球乙烯产能的12.5%。2013年我国乙烯产量为1622.5万t,进口量为170.4万t,表观消费量为1792.9万t。

截至2013年底,我国共有27家乙烯生产企业,40套装置。其中中国石化的产能为1041.5万t/a(包括合资企业),中国石油产能为591万t/a,中国海油产能为95万t/a,分别占我国乙烯产能的56.1%、31.8%和5.1%。盘锦乙烯等其他乙烯企业产能合计129万t/a。蒸汽裂解制乙烯产能为1771.5万t,其他工艺为75万t。2008—2013年我国乙烯年产量见图4-7。

世界上烯烃生产主要有石油、煤、天然气和生物质4种原料路线。我国传统的生产路线是石油路线制烯烃,目前的替代技术主要是煤制烯烃。石油路线制烯烃主要有蒸汽裂解工艺和催化裂解工艺。

乙烯取水量大,节水工作具有十分重要的意义。为了鼓励和促进乙烯节水和工业技术进步,体现先进性,特制定乙烯取水定额。

二、取水定额国家标准应用

为指导乙烯行业节水工作,2012年GB/T 18916.13—2012《取水定额　第13部分:乙烯生产》正式发布。

(一)相关内容释义

乙烯生产是指以乙烷、石脑油和加氢尾油等为主要原料,通过蒸汽热裂解加工生

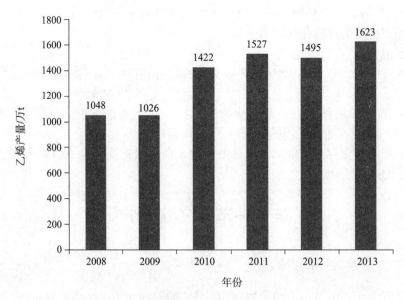

图 4 - 7　2008—2013 年我国乙烯产量

数据来源:中国石油和化工联合会

产乙烯的全过程。包括裂解炉和乙烯装置。不包括汽油加氢、聚乙烯、聚丙烯等下游产品。

乙烯生产取水量供给范围,包括主要生产、辅助生产(包括机修、运输、空压站等)和附属生产(包括绿化、浴室、食堂、厕所、保健站等),不包括汽油加氢、聚乙烯、聚丙烯、环氧乙烷/乙二醇等下游产品。

（二）主要内容

为充分反映乙烯企业取水的实际情况,重点调查了 25 家大、中型乙烯企业,以全面了解乙烯生产企业生产情况和水资源利用效率。

根据企业调研数据,计算出单位乙烯生产取水量的平均值为 $12.02\text{m}^3/\text{t}$,占调研企业的 50% ,二次平均值为 $7.78\text{m}^3/\text{t}$,占调研企业的 21% 。经过广泛的征求意见,结合行业现状及专家意见,确定了最终的单位乙烯生产取水量,见表 4 - 30。

表 4 - 30　GB/T 18916.13—2012 定额指标

类别	单位乙烯生产取水量/（m^3/t）
现有企业	15
新建企业	12

三、定额指标对比分析

目前,全国共有 9 个省市制定了乙烯用水定额,国家标准中则有 GB/T 18916.13—2012《取水定额　第 13 部分:乙烯》。具体指标见表 4 - 31。

表 4 - 31 国家标准及各地用水定额标准汇总

标准/省市	年份	行业类别	产品名称	定额单位	定额值	备注
GB/T 18916.13—2012《取水定额 第13部分:乙烯生产》	2013		乙烯	m³/t	≤15	现有企业
					≤12	新建企业
天津	2003	石化	乙烯	m³/t	<15	20万t/a
内蒙古	2009	有机化工原料制造	乙烯	m³/t	6.8	
辽宁	2008	有机化学原料制造	乙烯	m³/t	7~15	
吉林	2010	专用化学产品制造	乙烯	m³/t	11.7	含水产品新水量
黑龙江	2010	合成材料制造	乙烯	m³/t	5.4	
海南	2008	原有加工及石油制品制造	乙烯	m³/t	29.1~38.2	
甘肃	2011	有机化学原料制造	乙烯	m³/t	11.3	
青海	2009	有机化学原料制造	乙烯	m³/t	6.8	
新疆	2007	石油制品业	乙烯	m³/t	9.7	

通过对比,国家标准和地方标准存在以下差异。

1. 分类尺度不同

国家标准中将定额指标分为现有企业和新建企业两级,而地方标准中则只有一级指标。

2. 定额值不同

国家标准中现有企业单位乙烯生产取水量为15m³/t,地方标准中最小的为6.8m³/t,最大的为38.2m³/t,差别很大,其中严于国家标准要求的地方标准有6项,其余3项则低于国家标准要求。

第十二节 毛纺织产品

一、行业发展及用水情况

毛纺织行业是纺织工业的重要组成部分。2013年,我国毛纺织行业规模以上企业有

1221 户,总产值为 2287 亿元,比 2008 年增加了 59.26%。各类毛纺织产品生产总量除原毛略有增长外,均有所下降。2013 年我国原毛产量为 65 万 t,比 2008 年增长 8.33%;毛纱线产量为 37.8 万 t,比 2008 年下降 40%;毛织物产量为 5.8 亿 m,比 2008 年下降 4.92%(见表 4-32)。

表 4-32　2008—2013 年我国毛纺织行业现状

年份	规模以上企业个数	总产值/亿元	各类毛纺织产品生产总量/万 t	毛纺行业取水量/亿 m^3
2008	1658	1436	原毛 60 万 t,毛纱线 63 万 t,毛织物 6.1 亿 m	2.81
2009	1575	1406	原毛 62 万 t,毛纱线 65 万 t,毛织物 5.5 亿 m	2.64
2010	1496	1659	原毛 64 万 t,毛纱线 63 万 t,毛织物 6.0 亿 m	2.74
2011	1104 (2000 万元以上)	1880	原毛 64 万 t,毛纱线 30.6 万 t,毛织物 5.2 亿 m	1.86
2012	1188 (2000 万元以上)	2044	原毛 63 万 t,毛纱线 42.5 万 t,毛织物 6.0 亿 m	2.20
2013	1221 (2000 万元以上)	2287	原毛 65 万 t,毛纱线 37.8 万 t,毛织物 5.8 亿 m	2.04

数据来源:中国纺织工业联合会。

近年来,我国毛纺织行业从原料初级加工到纺纱、织造和染整加工等工序,已形成了完整的产业链,无论从设备更新改造或清洁生产工艺的推广方面都有了很大的发展和提升。行业取水量和单位产品取水量不断降低,企业节水意识也逐渐加强。2013 年我国纺织行业取水量为 2.04 亿 m^3,比 2008 年降低了 27.4%。但毛纺行业用水量大,水的重复利用率较低,节水压力依然很大。制定取水定额是我国水资源现状严峻这一国情的必然要求,也是我国在市场经济条件下节水管理深入改革的客观要求。

二、取水定额国家标准应用

为指导毛纺织行业节水工作,2014 年 GB/T 18916.14—2014《取水定额　第 14 部分:毛纺织产品》正式发布。

(一)相关内容释义

毛纺织产品是指采用羊毛、稀有动物纤维及化纤、人造纤维等,通过初级加工、染色、纺纱、织造、整理等毛纺工艺流程生产而成的产品,包括洗净毛、毛条、毛纱、精梳毛织物、粗梳毛织物、毛针织品、羊绒制品等。

毛纺生产主要包括原料初级加工和毛纺织加工两部分。原料初级加工主要包括洗毛、散毛炭化和制条。毛纺织加工是指精梳毛条或炭化毛经过染色、纺纱、织造、后整理等主要流程,加工成服装面料或毛衫、毛制品的工艺过程。

（二）主要内容

国内毛纺织工业所涉及的专业较多,产品门类广泛。毛纺织产品从原毛开始,经历洗毛、梳毛、制条、染色、纺纱、织造、后整理等生产工序,最终形成纯纺或混纺面料、羊毛衫、羊绒衫等产品。毛纺织加工的每个工艺过程都是从原料到产品,这些产品既是前道工序的产品,又是后道工序的原料。由于生产加工工序不同,生产的产品也不相同,有全流程的全能企业,也有小而专的企业,如洗毛厂、制条厂、印染厂、服装厂等。毛纺织产品的确定以加工工艺和企业产品经营为依据,共分为九类产品:洗净毛、炭化毛、色毛条、色毛及其他纤维、色纱、毛针织品、精梳毛织物、粗梳毛织物、羊绒制品。

通过调研得到:

（1）洗净毛,工艺路线:原毛→洗净毛

洗毛用水量与原毛种类有关,按产地区可分为国毛和外毛两大类。两类羊毛由于受羊的品种、自然条件、饲养管理水平的影响,原毛的洗净率差异很大。一般外毛洗净率较高,洗毛用水量相对较低。而国毛的洗净率普遍较低,洗毛用水量较高。调研主要中等以上企业数据得到,以外毛为原毛的单位产品取水量在 $13m^3/t \sim 18m^3/t$ 范围内,以国毛为原毛的单位产品取水量在 $35m^3/t \sim 40m^3/t$ 范围内。

（2）炭化毛,工艺路线:洗净毛→炭化毛

通过调研,单位产品取水量最大值为 $30m^3/t$,最小值为 $20m^3/t$。

（3）色毛条,工艺路线:白毛条→色毛条

通过调研,单位产品取水量最大值为 $176m^3/t$,染缸浴比在 $1:25 \sim 1:15$ 之间,最小值为 $100m^3/t$,染缸浴比在 $1:10 \sim 1:8$ 之间。毛条染色工序用水量与染缸的浴比有很大关系,国外的染色设备浴比小、价格高,普通毛纺厂难以承受。

（4）色毛及其他纤维,工艺路线:洗净毛→色毛

通过调研,单位产品取水量最大值为 $150m^3/t$,最小值为 $60m^3/t$。散毛染色工序用水量与染缸的浴比有很大关系,国外的染色设备浴比小、价格高,普通毛纺厂难以承受。

（5）色纱,工艺路线:白纱→色纱

通过调研,单位产品取水量最大值为 $170m^3/t$,最小值为 $110m^3/t$。纱线染色工序用水量与工艺技术有很大关系,一般毛纺采用绞纱染色较多,绞纱染色浴比高于筒子纱染色 $3 \sim 4$ 倍,绞染开门缸用水量也比较大。

（6）毛针织品,工艺路线:洗、缩整理

通过调研,单位产品取水量最大值为 $110m^3/t$,最小值为 $61m^3/t$。

（7）精梳毛织物,工艺路线:白毛条→精梳毛织物

通过调研,单位产品取水量最大值为 $21m^3/100m$（平均克重为 $300g/m^2$）,最小值为 $10m^3/100m$（平均克重 $200g/m^2$）。精梳毛织物用水量与织物的克重关系很大,克重越大的织物,百米织物平均用水量也越大;反之,越小。

（8）粗梳毛织物,工艺路线:洗净毛（或炭化毛）→粗梳毛织物

通过调研,单位产品取水量最大值为 $23m^3/100m$（平均克重为 $400g/m^2$）,最小值为 $12m^3/100m$（平均克重 $400g/m^2$）。粗梳毛织物用水量与织物的克重关系很大,克重越大的织物,百米织物平均用水量也越大;反之,越小。

（9）羊绒制品,工艺路线:原绒→羊绒制品

通过调研,单位产品取水量最大值为500m³/t,最小值为300m³/t。

综合各种因素和调研数据进行分析,并广泛征求专家和行业的意见,最终确定单位毛纺织产品取水量定额值见表4-33。

表4-33　GB/T 18916.14—2014定额指标

产品名称	工艺路线	单位	单位毛纺织产品取水量		
			现有企业	新建企业	先进企业
洗净毛	原毛→洗净毛	m³/t(原毛)	22	18	14
炭化毛	洗净毛→炭化毛	m³/t	25	22	18
染色毛条	白毛条→染色毛条	m³/t	140	120	75
染色毛	洗净毛→染色毛	m³/t	120	100	60
毛混纺纱线	白纱→色纱	m³/t	150	130	80
毛针织品	整理	m³/t	90	70	45
精梳毛织物	白毛条→精梳毛织物	m³/100m	22	18	12
粗梳毛织物	洗净毛→粗梳毛织物	m³/100m	24	22	14
羊绒制品	原绒→羊绒制品	m³/t	400	350	300

注1:精梳毛织物标准品重量为30.0kg/100m时取水量。

注2:粗梳毛织物标准品重量为60.0kg/100m时取水量。

三、定额指标对比分析

目前,全国共有25个省市制定了毛纺织产品用水定额,国家标准中则有GB/T 18916.14—2014《取水定额　第14部分:毛纺织产品》。具体指标见表4-34。

表4-34　国家标准及各地用水定额标准汇总

标准/省市	年份	行业类别	产品名称	定额单位	定额值	备注	
GB/T 18916.14—2014《取水定额　第14部分:毛纺织产品》	2014	毛纺织	洗净毛	m³/t(原毛)	22	原毛→洗净毛	现有企业
			炭化毛	m³/t	25	洗净毛→炭化毛	
			色毛条	m³/t	140	白毛条→色毛条	
			毛色及其他纤维	m³/t	120	洗净毛→色毛	
			色纱	m³/t	150	白纱→色纱	
			毛针织品	m³/t	90	整理	
			精梳毛织物	m³/100m	22	白毛条→精梳毛织物	
			粗梳毛织物	m³/100m	24	洗净毛→粗梳毛织物	
			羊绒制品	m³/t	400	原绒→羊绒制品	

标准/省市	年份	行业类别	产品名称	定额单位	定额值	备注	
GB/T 18916.14—2014《取水定额第14部分:毛纺织产品》	2014	毛纺织	洗净毛	m^3/t(原毛)	18	原毛→洗净毛	新建企业
			炭化毛	m^3/t	22	洗净毛→炭化毛	
			色毛条	m^3/t	120	白毛条→色毛条	
			毛色及其他纤维	m^3/t	100	洗净毛→色毛	
			色纱	m^3/t	130	白纱→色纱	
			毛针织品	m^3/t	70	整理	
			精梳毛织物	$m^3/100m$	18	白毛条→精梳毛织物	
			粗梳毛织物	$m^3/100m$	22	洗净毛→粗梳毛织物	
			羊绒制品	m^3/t	350	原绒→羊绒制品	
			洗净毛	m^3/t(原毛)	14	原毛→洗净毛	先进企业
			炭化毛	m^3/t	18	洗净毛→炭化毛	
			色毛条	m^3/t	75	白毛条→色毛条	
			毛色及其他纤维	m^3/t	60	洗净毛→色毛	
			色纱	m^3/t	80	白纱→色纱	
			毛针织品	m^3/t	45	整理	
			精梳毛织物	$m^3/100m$	12	白毛条→精梳毛织物	
			粗梳毛织物	$m^3/100m$	14	洗净毛→粗梳毛织物	
			羊绒制品	m^3/t	300	原绒→羊绒制品	
天津	2003	纺织工业	精纺毛织品	$m^3/100m$	78.5 ~ 118.9		
			羊绒衫	$m^3/$万件	604.93 ~ 640.52		
			羊绒制品	m^3/t	266.0		
河北	2009	毛纺织和染整精加工	原毛加工	m^3/t	30.00		
			绒线		47.40		
			毛粗纺布	m^3/km	100.00	幅宽1.44m	
			毛精纺布		50.00		

续表

标准/省市	年份	行业类别	产品名称	定额单位	定额值	备注
河北	2009	毛纺织和染整精加工	毛毯	m³/千条	100.00	
			毛条	m³/t	22.00	
			毛线		50.00	
			羊绒纱		120.96	
			丝绒纱		71.30	
			混绒纱		84.00	
山西	2008	毛纺织和染整精加工	人造丝	m³/t	5.6	生产规模:中型
			涤丝		9	生产规模:中型
			原毛加工		8	生产规模:中型
			毛毯	m³/千条	1.5	生产规模:中型
			地毯	m³/m²	3.2	生产规模:中型
			粗纺		3	生产工艺:冲洗(制条车间复洗) 生产规模:中型
			精纺	m³/t	6	生产工艺:冲洗 专业生产精纺 (毛条到成品) 生产规模:中型
内蒙古	2009	毛纺织	毛纱线	m³/t	75	
			毛染整加工		45	
			粗纺毛织品	m³/km	185	
			精纺毛织品		60	
			地毯	m³/万m²	200	
			毛毯	m³/千条	15	
辽宁	2008	毛针织品及编织品制造	羊毛(绒)衫	m³/万件	800	
吉林	2010	毛纺织和染整精加工	毛精纺	m³/100m	17.0	
			毛粗纺	m³/t	26.0	
			人造羊毛	m³/100m	10.0	
			羊毛衫	m³/万件	240.0	

续表

标准/省市	年份	行业类别	产品名称	定额单位	定额值	备注
黑龙江	2010	毛纺织和染整精加工	原毛加工	m^3/t	240	
			毛毯	$m^3/$条	0.5	每条0.3kg以下
江苏	2010	毛纺织和染整精加工	毛条	m^3/t	48	洗毛18m^3/t
			毛纱	m^3/t	30	
			精纺呢绒	$m^3/100m$	11	
			粗纺呢绒	$m^3/100m$	20	
			珊瑚绒	m^3/t	75	
			针织绒	m^3/t	180	
			毛绒线	m^3/t	110	
浙江	2004	毛纺织	毛纱	m^3/t	33～41	
			呢绒	m^3/t	4034～5042	
			毛毯	$m^3/$万条	1164～1455	
福建	2007	毛纺织	呢绒	m^3/t	100～150	
山东	2010	毛纺织	精纺呢绒	m^3/t	514	
			粗纺呢绒		565	
河南	2009	毛纺织业	洗净毛	m^3/t	20	原毛
			白毛条	m^3/t	60	原毛到白毛条
			染色毛条	m^3/t	150	原毛到染色条
			毛精纺	$m^3/100m$	26	毛条到织物
			粗纺炭化	m^3/t	20	
			毛粗纺	$m^3/100m$	30	炭化到粗纺织物
			精纺绒线	m^3/t	200	从白毛条开始
			毛毯	$m^3/100$条	60	
湖北	2003	丝绢纺织及印染精加工	羊毛纺纱	m^3/t	30	
湖南	2008	毛纺织和染整精加工	毛毯	$m^3/$万条	1200	
			绒线	m^3/t	450	
广东	2007	毛纺织和染整精加工	毛粗纺	$m^3/100m$	18.5～21.0	
			毛精纺	$m^3/100m$	6.00～8.00	

标准/省市	年份	行业类别	产品名称	定额单位	定额值	备注
广东	2007	毛纺织和染整精加工	绒线	m³/t	70.0～85.0	
			羊毛纱、混纺纱	m³/t	80.0～95.0	
海南	2008	毛纺织	毛粗纺	m³/t	18.5	
			羊毛纱、混纺纱		80	
重庆	2007	毛纺织业	生丝	m³/t	2000	二批
			丝织品	m³/万 m	28	二批
四川	2010	毛纺织和染整精加工	毛织布	m³/km	10.0	
			原毛加工	m³/t	240.0	
贵州	2011	毛纺织和染整精加工	原毛加工	m³/t	230	
云南	2006	毛纺织和染整精加工	纯毛披肩、罽毯	m³/万 m	3300.0	
			纯毛地毯	m³/t	12.0	
			粗纺毛呢、毛毯	m³/万 m	3600.0	
			印染毛绒	m³/t	300.0	
陕西	2004	毛织业	精呢	m³/100m	28.0	
			粗呢		25.0	
			粗纺呢绒		14.0	
			精纺呢绒		59.0	
甘肃	2011	毛纺织	粗纺、精纺	m³/100m	17	
			绒线	m³/t	110	
青海	2009	毛纺织	精纺	m³/100m	20.0	毛条到成品用水
			粗纺	m³/t	35.0	洗净炭化到成品
			绒线	m³/t	105.0	
宁夏	2005	毛纺织业	原毛加工	m³/t	200	
			粗纺、精纺	m³/100m	20	
			绒线	m³/t	100	

续表

标准/省市	年份	行业类别	产品名称	定额单位	定额值	备注
新疆	2007	毛纺织业	洗毛	m³/t	274.44	
			毛毯	m³/条	0.52	
			地毯	m³/条	0.59	
			精纺呢绒	m³/100m	16.00	

通过对比,国家标准和地方标准存在以下差异。

1. 分类尺度不同

国家标准中根据毛纺织行业的加工工艺,共分了洗净毛、炭化毛、色毛条、色毛及其他纤维、色纱、毛针织品、精梳毛织物、粗梳毛织物和羊绒制品9类产品。指标分为现有企业、新建企业和先进企业三级。

地方标准中分类尺度各异,产品名称也不同,差别很大。主要包括原毛加工、精梳毛织物、粗疏毛织物、纱线、羊绒制品、毛针织产品等,指标只有一级。

2. 定额值不同

由于国家标准与地方标准在产品的分类尺度和生产工艺选择上差异较大,可比性较低。以洗净毛和羊绒制品为例,国家标准中现有企业洗净毛单位产品取水量为22m³/t,地方标准中含这类产品的只有河北和河南两省,定额值分别为30m³/t和20m³/t。国家标准中现有企业羊绒制品单位产品取水量为400m³/t,地方标准中含这类产品的只有天津、上海和吉林三省市,定额值分别为266m³/t、800 m³/万件和240 m³/万件。

第十三节　白酒制造

一、行业发展及用水情况

我国白酒行业在经历了起步阶段、快速发展阶段、调整发展阶段后,目前已步入高速发展新阶段,产量逐年增加,2013年白酒产量已达到1226万kL,比2008年增长115.47%。白酒的酿造过程,要消耗大量的谁,据调研,不同企业生产白酒的取水量各不相同,先进企业与落后企业吨白酒取水量相差甚远,因此制定白酒行业取水定额标准十分重要。目前,由于白酒行业发展较快,原有的白酒取水定额标准指标已经不能适应行业的发展要求,因此修订白酒取水定额标准,规范白酒企业用水管理、对用水进行客观评价,指导企业建立各项节水措施,提高水的利用率,降低企业取水量,意义重大。

二、取水定额国家标准应用

为指导白酒制造行业节水工作,2014年GB/T 18916.15—2014《取水定额　第15部分:白酒制造》正式发布。

(一)相关内容释义

白酒制造是指以粮谷为主要原料,用大曲、小曲或麸曲及酒母等为糖化发酵剂,经蒸

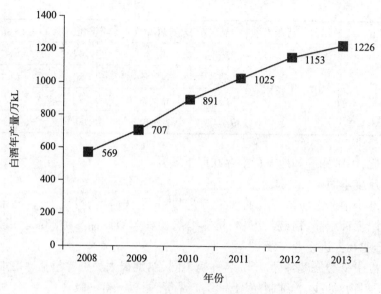

图 4 - 8   2008—2013 年我国白酒产量

数据来源：国家统计局

煮、糖化、发酵、蒸馏而制成饮料酒的生产过程。

由于白酒生产涉及原酒、勾兑、加浆降度等工艺，使得原酒取水量和加浆降度之间的取水量差别较大。原酒取水量只截止到蒸馏工艺结束为止。成品酒取水量从原酒到产品酒之间工艺的取水量，不包括原酒的取水量。

白酒制造取水量的供给范围包括主要生产、辅助生产和附属生产三个生产过程的取水量，主要包括：

（1）主要生产：制曲、酿酒、勾兑、包装；

（2）辅助生产：机修、锅炉、空压站、污水处理站、检验、化验、运输等，不包括综合利用产品生产（如：二氧化碳回收、生产蛋白饲料等）；

（3）附属生产：办公、绿化、厂内食堂和浴室、卫生间等。

（二）主要内容

为充分合理反映白酒企业用水特点和节水能力，组织开展了白酒生产企业用水情况调查，收集到了大量有关资料，作为制定取水定额指标的参考。

根据企业调研数据，单位产品取水定额最大的为 $68.0 \mathrm{m}^3/\mathrm{kL}$，最小的为 $22.7 \mathrm{m}^3/\mathrm{kL}$，平均为 $39.61 \mathrm{m}^3/\mathrm{kL}$。经过广泛的征求意见，结合行业现状及专家意见，确定了最终的定额值，见表 4 - 35。

表 4 - 35   GB/T 18916.15—2014 定额指标 m^3/kL

指标	现有企业	新建企业	先进企业
千升原酒取水量	≤51	≤43	≤43
千升成品酒取水量	≤7	≤6	≤6

三、定额指标对比分析

目前,全国共有 28 个省市制定了毛纺织产品用水定额,国家标准中则有 GB/T 18916.15—2014《取水定额　第 15 部分:白酒制造》,行业标准中有 HJ/T 402—2007 《清洁生产标准　白酒制造业》,具体指标见表 4 – 36。

表 4 – 36　国家标准、行业标准及各地用水定额标准汇总

标准/省市	年份	行业类别	产品名称		定额单位	定额值		备注
GB/T 18916.15—2014《取水定额　第 15 部分:白酒制造》	2014	白酒制造	千升原酒取水量		m³/kL	≤51		现有企业
			千升成品酒取水量		m³/kL	≤7		
			千升原酒取水量		m³/kL	≤43		新建企业
			千升成品酒取水量		m³/kL	≤6		
			千升原酒取水量		m³/kL	≤43		先进企业
			千升成品酒取水量		m³/kL	≤6		
HJ/T 402—2007《清洁生产标准　白酒制造业》	2007	白酒制造业	取水量		t/kL	≤16	一级	清香型
						≤20	二级	
						≤25	三级	
						≤25	一级	浓(酱)香型
						≤30	二级	
						≤35	三级	
天津	2003	食品加工及制造业	白酒		m³/t	117.70 ~ 147.12		
河北	2009	酒的制造	白酒		m³/t	8.00		勾兑
					m³/t	17.5		酿造
山西	2008	酒的制造	白酒	勾兑	m³/t	6		生产规模:大型
				酿造	m³/t	19		
内蒙古	2009	白酒制造	清香型		m³/t	20		1kL 65%(体积分数)
			浓(酱)香型		m³/t	30		1kL 65%(体积分数)
辽宁	2008	白酒制造	白酒		m³/kL	20		清香型;2008 年 3 月 1 日前新、扩、改建成投产的企业或生产线;生产工艺:酿造

标准/省市	年份	行业类别	产品名称	定额单位	定额值	备注
辽宁	2008	白酒制造	白酒	m³/kL	25	清香型;2008 年 3 月 1 日前建成投产的企业或生产线;生产工艺:酿造
					30	浓(酱)香型;2008 年 3 月 1 日前新、扩、改建成投产的企业或生产线;生产工艺:酿造
吉林	2010	酒的制造	勾兑白酒	m³/t	9.0	
			酿造白酒	m³/t	75	
黑龙江	2010	酒的制造	65°白酒	m³/t	76	大曲原料,清香型
					68	麸曲原料,清香型
					104	大曲原料,酱香型
					88	麸曲原料,酱香型
					64	大曲原料,浓香型
					64	麸曲原料,浓香型
江苏	2010	酒的制造	白酒	m³/t	40	酿造
					25	勾兑
浙江	2004	白酒制造	白酒	m³/kL	32 ~ 40	
安徽	2007	酒的制造	白酒	m³/t	40 ~ 50	酿造
					12 ~ 15	勾兑
福建	2007	白酒制造	白酒	m³/kL	30 ~ 50	
江西	2011	酒的制造	白酒	m³/t	25	
山东	2010	白酒制造	酿造白酒	m³/t	25.6	
河南	2009	酒制造业	白酒	m³/t	20	
湖北	2003		白酒	m³/t	100	酿造
					12	勾兑
湖南	2008	饮料酒制造业	酿造白酒	m³/t	50	
			勾兑白酒		15	
广东	2007	酒精及饮料制造业	白酒	m³/t	19.0 ~ 22.0	
广西	2010	白酒制造	白酒	m³/kL	≤25.0	清香型
					≤35.0	浓香型
海南	2008	白酒制造	白酒	m³/t	40	

标准/省市	年份	行业类别	产品名称		定额单位	定额值	备注
重庆	2007	酒精及饮料酒制造业	白酒（曲酒）		m³/t	30	二批
			白酒（酿造）			4	二批
四川	2010	酒的制造业	白酒		m³/t	22.0	
贵州	2011	酒的制造	白酒（液态法）		m³/t	40	
			白酒（固体法）			150	
云南	2006	酒的制造	酿造白酒		m³/t	65.0	50°基础白酒
陕西	2004	白酒制造	瓶装白酒		m³/t	90.0	酿造清香型
甘肃	2011	白酒制造	白酒	勾兑	m³/t	36	
				酿造	m³/t	135	
青海	2009	白酒制造	白酒	勾兑	m³/t	10.0	
				酿造	m³/t	70.0	折纯65%（体积分数）
宁夏	2005	白酒制造业	白酒		m³/t	25	
新疆	2007	酒精及饮料酒制造业	白酒		m³/t	21.05	

通过对比,国家标准、行业标准和地方标准存在以下差异。

1. 分类尺度不同

国家标准中针对原酒和成品酒分别制定了取水定额,指标分为现有企业、新建企业和先进企业三级。

行业标准中针对清香型和浓(酱)香型两种类型白酒分别制定了取水定额,指标分为一、二、三级。

地方标准中的分类尺度主要如下:

(1)按照勾兑和酿造进行分类(如河北、山西);

(2)按照曲酒和酿造进行分类(如重庆);

(3)按照清香型和浓(酱)香型进行分类(如内蒙古、辽宁);

(4)按照大曲和麸曲两种原料进行分类,同时分为清香型、浓香型和酱香型(如黑龙江);

(5)只分为白酒制造(如天津、江苏)。

同时,只有辽宁将指标分为现有企业和新建企业两级,其余均只有一级指标。

2. 定额值不同

国家标准中现有企业千升原酒取水量和千升成品酒取水量分别为 $51m^3/kL$ 和 $7m^3/kL$。

行业标准中清香型和浓(酱)香型白酒千升取水量三级指标分别为 25t/kL 和 35t/kL,对应的是国家标准中的千升原酒取水量,指标严于国家标准要求。

地方标准中,对应国家标准中的千升原酒取水量的最小值为 $17.5m^3/t$,最大值为 $147.12m^3/t$,其中严于国家标准要求的地方标准有 19 项。对应国家标准中的千升成品酒取水量的最小值为 $4m^3/t$,最大值为 $36m^3/t$,其中严于国家标准要求的地方标准有 2 项,其余均低于国家标准的要求。

第十四节　电解铝生产

一、行业发展及用水情况

我国电解铝工业经历 30 多年发展,逐渐成为我国重要的基础产业,但由于生产过程中能耗高,历来被称为"高耗能产业",也是国家重点调控的产业之一。要实现电解铝工业的健康发展,必须通过加强管理、技术进步,探索出一条节能环保、绿色低碳的可持续发展的新路子。电解铝取水定额指标要有一定的超前性,不仅代表行业的平均水平,更要反映先进企业的取水用水水平,同时考虑节水设备和科学技术的发展趋势。

"十二五"期间我国经济仍将平稳快速发展,铝的需求仍将保持稳定增长,按期淘汰100kA 及以下预焙槽电解铝,鼓励煤(水)电铝加工一体化,提高产业竞争力,支持电解铝企业改造升级。2013 年我国电解铝产量达到 2205.85 万 t,比 2008 年增长了 67.41%(见表 4－37),预计到 2015 年我国电解铝表观消费量将达到 2400 万 t 左右,年均增长约8.6%,电解铝产量 2400 万 t 左右,年均增长 8.8%。

按照单位产品取水量 $3m^3/t$ 计算,2013 年我国电解铝取水量约 0.88 亿 m^3,比 2008年增加了 66.04%(见表 4－37)。这还不包括氧化铝、电力、热力、生活区等其他辅助系统耗水量。因此,科学、合理、准确地制定电解铝生产取水定额,对于促进电解铝企业节水技术进步,不断提高工业用水效率,实现水资源可持续利用,支持经济社会的可持续发展,以及建设节水型社会,均具有重要的现实意义和深远的历史意义。

表 4－37　2008—2013 年我国电解铝产量及取水量

年份	2008	2009	2010	2011	2012	2013
电解铝年产量/万 t	1317.63	1288.61	1577.13	1767.89	2020.84	2205.85
电解铝生产年取水量/亿 m^3	0.53	0.52	0.63	0.71	0.81	0.88

数据来源:国家统计局。

二、取水定额国家标准应用

为指导电解铝生产行业节水工作,2014 年 GB/T 18916.16—2014《取水定额　第 16部分:电解铝生产》正式发布。

(一)相关内容释义

电解铝生产是指采用冰晶石－氧化铝熔盐电解法生产出电解原铝液,再经铸造生产出重熔用铝锭的过程。

取水量供给范围包括主要用于工业生产用水、辅助生产(包括机修、运输、空压站、供电整流等)用水和附属生产(包括厂内办公楼、职工食堂、非营业的浴室及保健站、卫生间等)用水。但不包括阳极、阴极制造用水,不包括厂内的发电动力用水。

（二）主要内容

通过对国内部分电解铝企业的了解,在新水消耗方面,许多电解铝老企业通过开展节能减排活动完善计量网络,加强新水计量管理。循环水系统局部改造提高了循环水的利用效率,新水消耗相对较低。新设计的电解铝企业在设计时吸取一些老厂水综合利用的经验,充分考虑了循环水的重复利用问题,新水消耗也完全符合国家《铝行业准入条件》的要求和 HJ/T 187—2006《清洁生产标准　电解铝业》的指标要求。但也有一部分电解铝老企业计量网络不完善,管理水平低下,新水消耗较多,需要尽快转变。

国家发改委 2007 年 10 月公布的《铝行业准入条件》中规定:新建电解铝生产系统新水消耗低于 $7m^3/t$。现有电解铝企业新水消耗低于 $7.5m^3/t$。工业和信息化部 2013 年 7 月 24 日发布《铝行业规范条件》中规定,新建和改造的电解铝系统,新水消耗应低于 $3m^3/t$。

通过对国内十余家电解铝企业的用水资料调研,电解原铝液单位产品取水量最大为 $4.62m^3/t$,最小为 $0.99m^3/t$,平均值为 $2.54m^3/t$,其中取水量最小的三家企业平均值为 $1.24m^3/t$,最大的三家平均值为 $4.02m^3/t$;重熔用铝锭单位产品取水量最大为 $5.47m^3/t$,最小为 $1.37m^3/t$,平均值为 $3.24m^3/t$,其中取水量最小的三家企业平均值为 $1.61m^3/t$,最大的三家平均值为 $4.61m^3/t$。

根据企业调研以及国家相关规定和标准要求,同时考虑到新标准的先进性和代表性,新建生产企业准入级比平均水平高;现有大部分落后企业经过多方努力仍可达标。确定电解铝生产取水定额指标标准见表 4-38。

表 4-38　GB/T 18916.16—2014 定额指标

分类	单位产品取水定额/（m^3/t）		
	现有企业	新建企业	先进企业
电解原铝液	3.5	2.5	1.3
重熔用铝锭	4.0	3.0	1.7

三、定额指标对比分析

目前,全国共有 10 个省市制定了电解铝生产的用水定额,国家标准中则有 GB/T 18916.16—2014《取水定额　第 16 部分:电解铝生产》。行业标准中有 HJ/T 187—2006《清洁生产标准　电解铝业》,但标准中未对取水量指标进行规定。具体指标见表 4-39。

表 4－39　国家标准及各地用水定额标准汇总

标准/省市	年份	行业类别	产品名称	定额单位	定额值	备注
GB/T 18916.16—2014《取水定额　第16部分:电解铝生产》	2014	电解铝生产	电解原铝	m³/t	3.5	现有企业
					2.5	新建企业
					1.3	先进企业
			重熔用铝锭	m³/t	4.0	现有企业
					3.0	新建企业
					1.7	先进企业
内蒙古	2009	铝冶炼	电解铝	m³/t	4.5	
辽宁	2008	铝冶炼	电解铝	m³/t	7	
浙江	2004	常用有色金属压延加工	电解铝制品	m³/万只	13～17	
江西	2011	常用有色金属冶炼	电解铝	m³/t	127	
河南	2009	有色金属冶炼业	电解铝	m³/t	4.5	
广西	2010	铝冶炼	电解铝	m³/t	≤4.5	
贵州	2011	常用有色金属冶炼	电解铝	m³/t	20	
陕西	2004	铝冶炼	电解铝	m³/t	13.5	
青海	2009	铝冶炼	电解铝	m³/t	7.0	
新疆	2007	轻有色金属压延加工业	电解铝锭	m³/t	0.50	

通过对比,国家标准和地方标准存在以下方面的差异。

1. 分类尺度不同

国家标准中将电解铝生产分为电解原铝和重熔用铝锭两类,指标分为现有企业、新建企业和先进企业三级。而地方标准中均只分为电解铝一类,且只有一级指标。

2. 定额值不同

国家标准中现有企业单位电解原铝取水量和单位重熔用铝锭取水量分别为 $3.5m^3/t$ 和 $4.0m^3/t$。

地方标准中电解铝的取水定额最小值为 $0.50m^3/t$,最大值为 $127m^3/t$。其中严于国家标准要求的地方标准只有1项,其余均低于国家标准的要求。